內部稽核基本功

勤練專業準則與實務案例

The Basics of Internal Auditing :
Practice and Case Studies

王怡心　黎振宜　編著

三民書局

前　言

　　為提升內部稽核人員基本功，尤其有助於新進稽核人員，更容易瞭解國際內部稽核執業準則以及實務應用，本書對 IIA 目前最新版 2017 年《國際內部稽核執業準則》的全部準則進行解析；同時，本書對不同的實務案例進行討論，有助於內部稽核人員在既有的專業能力基礎上，能更快的熟悉《國際內部稽核執業準則》以及準則實務應用。此書內容為更能協助內部稽核人員精進專業知識，在各章末附有「觀念自我評量」練習，更進一步提升內部稽核專業知識素養。

內部稽核基本功

目　次

＊本書之圖片、照片皆來源自 ShutterStock

壹、簡介篇

第一章

認識《國際內部稽核執業準則》

1.1　內部稽核的源起

當人類文明社會及經濟發展達到相當的水準，即開始出現財產的所有權與經營權分離之商業營運模式。在此社會背景下，財產的所有權人對經營權需要有效的監督機制，於是稽核的觀念孕育而生。

在專制統治年代，君王或貴族為了維護自身的利益，確保自己財產的安全無虞，會委任欽差大臣或親信協助檢查或盤點資產，此即為內部稽核的源起。

1.2　內部稽核的發展

隨著經濟活動日益發達，商業營運模式日漸複雜，僅憑自己信賴的親信人士去從事內部稽核工作，已無法順利完成任務。因此，需要透過系統化培養專業內部稽核人員，從此稽核專業開始發展。

內部稽核專業發展的標準化、科學化、邏輯化，起源於北美地區。美國學者布林克 (Victor Z. Brink) 於 1941 年，出版了世界上第一部內部稽核專書

《內部稽核：性質、職能和程式方法》(*Internal Auditing－Nature, Functions and Methods of Procedure*)；由於該著作具備嚴謹的理論架構及實務應用指引，逐漸被世界各國所認可，內部稽核學科從此誕生。同年，瑟斯頓 (John B. Thurston) 在美國創先成立世界上第一個國際內部稽核協會 (Institute of Internal Auditors, IIA)，被尊為「國際內部稽核協會之父」，內部稽核開始成為引人注目的一項專門職業。

　　1973 至 1988 年間，有「現代內部稽核之父」之稱的索耶 (Lawrence B. Sawyer) 先後出版了《現代內部稽核實務》、《現代內部稽核》、《管理和現代內部稽核》和《內部稽核手冊》等專著，詳細地介紹內部稽核理論、技術、方法、報告、管理和其他事項，提出一套比較完整的內部稽核的理論與實務體系。

1.3　《國際內部稽核專業實務架構》的歷史演進

　　IIA 在 1947 年，首次制訂《內部稽核人員職責說明》(*the Statement of Responsibilities of Internal Auditor*)，對內部稽核及其職責給予定義；1968 年首次頒布內部稽核人員《職業道德規範》(*the Code of Ethics*)；從 1974 年起，IIA 開始舉辦註冊內部稽核師 (CIA) 資格考試；在 1978 年，制訂和頒布《國際內部稽核執業準則》(*International Standards For the Professional Practice of Internal Auditing*，以下簡稱《準則》)。由國際內部稽核協會理事會通過，IIA 於 2009 年 1 月以英語、法語和西班牙語頒布《國際內部稽核專業實務架構》(*The International Professional Practices Framework*，以下簡稱《專業架構》或 IPPF)，《專業架構》有效融合之前發布的內部稽核定義、《職業道德規範》和《準則》等內容。如表 1–1 所示，《專業架構》包括強制性指引與建議性指引兩大類型。

▼表 1-1 　《專業架構》

強制性指引	核心原則
	內部稽核定義
	職業道德規範
	國際內部稽核執業準則
建議性指引	實施指引
	補充指引

　　有關於《專業架構》的組織結構及其相關的實施指引，係屬權威性指引且具有時效性、指導性及全球一致性。《專業架構》內容是對個人和機構組織，在執行內部稽核工作所應當遵循的約束性準則陳述。

　　在 2009 至 2013 年之間，IIA 持續對 IPPF 內容進行修訂，主要是基於實際經營環境、相關法律規範、管理理念發展等因素，對道德規範和準則進行了細節調整。包括：

➤ 1110 組織上的獨立性：修改釋義

➤ 1311 內部評估：修改標準和釋義

➤ 1312 外部評估：修改標準和釋義

➤ 1320 對品質保證與改進程式的報告：修改釋義

➤ 2010 計畫：修改標準和釋義

➤ 2120.A1 修改標準

➤ 2130.A1 修改標準

➤ 2201 制訂計畫時的考慮因素：修改標準

➤ 2210.A3 修改標準

➤ 2220 業務範圍：修改標準

➤ 2440 結果的發送：修改釋義

➤ 2600 修改標準和釋義

➤ 詞彙表部分，修改「董事會」和「控制過程」的定義，增加「專案意見」和「總體意見」的定義，刪去「剩餘風險」的定義。

　　在 IIA 根據 2016 年 2 至 5 月期間在全球廣泛徵求各界意見，以及 IIA 內部研究和討論，對 IPPF 執行最新一輪修訂，於 2017 年修訂產生了結構性調整，並對 10 條職業道德規範和 17 條準則內容進行了修訂，如表 1–2 所示，有新增、調整、刪除三大類。

▼表 1–2　《國際內部稽核專業實務架構》比較表

	【最新版】2017 版內容	與上一版之比較 （新增、調整或刪除）
內部稽核 的使命	以風險為基礎，提供客觀的確認、建議和洞見，增加和保護組織價值	新　增
強制性指引	內部稽核實務的核心原則	彰顯誠信 彰顯勝任能力和應有的職業審慎 保持客觀，並免受不當影響（獨立性） 適應機構的策略、目標和風險狀況 定位適當且資源配置充分 彰顯品質和持續改進 有效溝通 提供以風險為基礎的確認性服務 富有見解、積極主動，並具有前瞻性 促進機構改善 闡釋內部稽核實現有效性，內部稽核職能必須遵循全部核心原則，才能確保其有效性	新　增
	內部稽核定義	內部稽核是一種獨立、客觀的確認性和諮詢活動，旨在增加價值和改善機構的營運；其通過應用系統的、規範的方法，評估並改善風險管理、控制和治理過程的效果，說明機構實現其目標	沒變化
	職業道德規範	闡明內部稽核活動的個人和機構所須遵循的原則和行為規範，表明對執業行為規範的最低要求，而不是具體活動	對 10 條規範進行細節調整
	國際內部稽核執業準則	《準則》是一系列基於原則的強制性要求，其組成內容包括：對機構和個人普遍適用，關於內部稽核專業實務及其績效評估核心要求的闡述；對《準則》中所含術語或概念進行說明的釋義	新增 2 條準則，對 6 條準則及其釋義進行修改、對 10 條準則進行修改、對 8 條準則的釋義進行了修改。詞彙表新增 1 項定義，修改了 3 項定義

建議性指引	實施指引	實施指引能夠說明內部稽核人員遵循《內部稽核定義》、《職業道德規範》和《準則》的要求,並推廣良好實務。實施指引主要闡述了內部稽核的工作方式、方法、需要考慮的因素,但不會涉及具體的程序和流程	由原來的實務公告內容整合而來
	補充指引	補充指引為從事內部稽核工作提供詳細的指引。指引可能針對某類業務、某個行業,其內容包括程序、流程、工具、技術、專案、分步驟推進的方法、範例等	由原來的實務指引、全球技術審計指南 (GTAG) 和 IT 風險評估指引 (GAIT) 等內容整合而來

剖析 2009 至 2017 年 IPPF 的修訂軌跡,可以看出在凝聚全球理論及實務之經驗後,IIA 對未來內部稽核發展,有下列發展方向:

➤ 以風險為導向,由具體實務及細枝末節,向嚴密性理論指導及架構邏輯的方向發展。

➤ 加強內部稽核和企業所有者的互動,大量業務(如首席執行官的工作拓展、業務計畫、業務目標、品質保證及改進報告)都增加與董事會的交流。

➤ 加強對廣義利害關係人的保護,包括內部稽核活動管理、外部評估、對品質保證及改進程式報告等,均涉及廣義利害關係人。

➤ 內部稽核風險管理的定位向前進展,明確定義內部稽核是「一種獨立、客觀的確認性和諮詢活動」,讓內部稽核更加關注未來的風險,並提出「富有見解、積極主動,並具有前瞻性」內部稽核的核心原則。

本書為讀者解析的準則版本,即為 2017 年發佈 IPPF 的內容。《專業架構》(如圖 1–1)包含強制性指引和建議性指引,強制性指引包括內部稽核的核心原則、定義、《職業道德規範》、《準則》。建議性指引是對強制性指引作進一步解釋,或指導如何將其應用到實務中,或是介紹最新的方法、技術、立場。

內部稽核執業準則包括一般準則 (Attribute Standards) 及作業準則 (Performance Standards),如圖 1–2 所示。一般準則為序號 1000 相關準則,闡明執行內部稽核活動之機構及個人的特性。作業準則為序號 2000 相關準則,敘述內部稽核服務的性質,並提供用以評估內部稽核服務執行情形的品質標準。

▲圖 1–1　《專業架構》

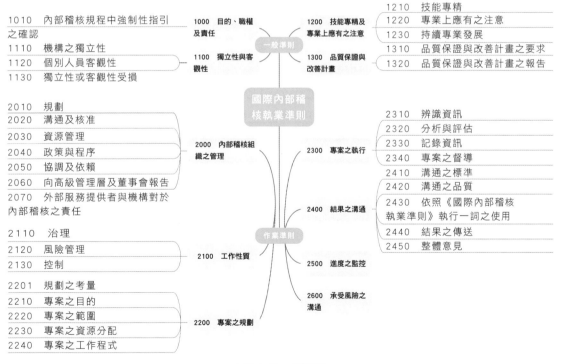

1010　內部稽核規程中強制性指引之確認

1110　機構之獨立性
1120　個別人員客觀性
1130　獨立性或客觀性受損

2010　規劃
2020　溝通及核准
2030　資源管理
2040　政策與程序
2050　協調及依賴
2060　向高級管理層及董事會報告
2070　外部服務提供者與機構對於內部稽核之責任

2110　治理
2120　風險管理
2130　控制

2201　規劃之考量
2210　專案之目的
2220　專案之範圍
2230　專案之資源分配
2240　專案之工作程式

1000　目的、職權及責任

1100　獨立性與客觀性

2000　內部稽核組織之管理

2100　工作性質

2200　專案之規劃

一般準則

國際內部稽核執業準則

作業準則

1200　技能專精及專業上應有之注意

1300　品質保證與改善計畫

2300　專案之執行

2400　結果之溝通

2500　進度之監控

2600　承受風險之溝通

1210　技能專精
1220　專業上應有之注意
1230　持續專業發展
1310　品質保證與改善計畫之要求
1320　品質保證與改善計畫之報告

2310　辨識資訊
2320　分析與評估
2330　記錄資訊
2340　專案之督導
2410　溝通之標準
2420　溝通之品質
2430　依照《國際內部稽核執業準則》執行一詞之使用
2440　結果之傳送
2450　整體意見

▲圖 1–2　《準則》

內部稽核執業準則在宗旨、規模、複雜程度和組織架構不同的機構內部開展，其所涉及的法律和文化環境豐富多樣；而其從業人員既可來自組織內部，亦可來自組織外部。雖然這些差異可能會影響各種不同環境下開展的具體內部稽核實務，但是遵守國際內部稽核協會的《準則》，是內部稽核部門和內部稽核師履行職責的基本要求。

案 例 1-1

2004 年 6 月 15 日臺灣上市公司博達科技股份有限公司（以下簡稱「博達」），因面臨無力償還即將到期之海外可轉換公司債，無預警地向法院聲請公司重整，從而爆發該公司資金掏空弊案。博達上市之前，就成為投資者關注的焦點，媒體紛紛報導博達未來可能成為砷化鎵世界第一大廠。博達上市以後，董事長葉素菲和公司高層員工共謀在美國、香港英屬維京群島等地虛設公司，並利用虛設的公司，無中生有地製造假交易創造假業績，虛增博達應收帳款高達 141 億新臺幣，藉以粉飾公司財務報表。另一方面，葉素菲還利用假交易虛增應付款項，掏空博達 70 多億新臺幣。博達被懷疑的做假手法主要是虛增營業收入、假造應收帳款、捏造現金額度、套取公司現金等。

此案發生時，主管機關還未有上市公司必須設立內部稽核單位的規定，因此博達當時沒有設立內部稽核單位，也沒有設立內部稽核規程，更沒有對 IPPF 進行強制性確認性服務。此外，當時該公司內部控制制度極為不健全，使以葉素菲為首的高管肆意地擴大公司風險而無人稽核。最終在內部環境和內部監督都有重大缺失，並且高階主管沆瀣一氣進行舞弊，導致內部控制重大缺陷爆發。

博達案後被稱為「臺灣版安隆事件」，因 2004 年該事件爆發後，臺灣資本市場的主管機關開始嚴格要求上市上櫃公司建立內部控制制度，並全面提高企業內部控制的監督要求。

1.4 本章小結

　　本章說明內部稽核的起源與發展，並且將《準則》的不同年代版本作分析，讓讀者瞭解稽核工作隨時代變遷的發展趨勢。本書後續將以一般準則與作業準則為章節，展開對所有《準則》的內容解析和應用案例分析。

1 觀念自我評量

( ) 1. 有關內部稽核定義，請問下面哪一項敘述不正確？

A. 內部稽核是獨立、客觀之確認性、諮詢性服務

B. 內部稽核旨在增加價值及改善機構營運

C. 內部稽核透過應用系統及規範之方法以促進機構改善

D. 內部稽核評估控制環境並監督作業之效果，以達成機構目標

( ) 2. 請問《準則》主要類別包括？

A. 一般準則　　B. 作業準則　　C. 一般準則及作業準則　　D. 以上皆非

( ) 3. 請問下列敘述哪一個正確？

A. 實施準則為一般準則及作業準則之延伸，適用於確認性或諮詢服務的規定

B. 作業準則為一般準則及實施準則之延伸，提供於確認性或諮詢服務的規定

C. 應用準則係屬一般準則及作業準則之延伸，適用於確認性或諮詢服務的規定

D. 一般準則是應用在實施準則及作業準則，提供於確認性或諮詢服務的規定

( ) 4. 關於《專業架構》主要目的，下列哪個敘述是正確的？

A. 明確內部稽核的職責及超然獨立性

B. 提升內部稽核人員的專業技能及工作水準

C. 對內部稽核的績效和品質，建立完善的評價基礎

D. 針對內部稽核作業的步驟，擬定統一的規範程式

( ) 5. 根據《專業架構》，如欲對企業的治理過程進行評估，內部稽核人員應採用下列哪項標準？

A. 策略、政策、程式指引和流程規範

B. 規定、章程、法律和制度

C. 價值觀、目標、法律和程式指引

D. 風險控制、控制活動、策略和法律

1. 答案｜D

　　理由｜依據內部稽核定義，D 的答案應改為「評估及改善風險管理、控制及治理過程之效果，以達成機構目標」。

2. 答案｜C

　　理由｜依據《準則》，有兩個主要類型：一般準則 (Attribute Standards) 及作業準則 (Performance Standards)。C 的答案正確。

3. 答案｜A

　　理由｜實施準則係屬一般準則及作業準則之延伸，適用於確認性（Assurance，簡稱 A）或諮詢（Consulting，簡稱 C）服務。

4. 答案｜C

　　理由｜《專業架構》提供了關注和評價內部稽核績效及品質的架構，有效確保內部稽核的品質、專業及標準化。

5. 答案｜B

　　理由｜因為是對公司治理過程進行評估，需要考慮的是公司的治理是否存在不合理、不合法的情況，而不是考慮是否存在價值觀和風險的問題，所以選 B。

貳、入門篇

第二章

《準則》1000　確認內部稽核之目的、職權及責任

■ 1000　Purpose, Authority, and Responsibility ■

The purpose, authority, and responsibility of the internal audit activity must be formally defined in an internal audit charter, consistent with the Mission of Internal Audit and the mandatory elements of the International Professional Practices Framework (the Core Principles for the Professional Practice of Internal Auditing, the Code of Ethics, the Standards, and the Definition of Internal Auditing). The chief audit executive must periodically review the internal audit charter and present it to senior management and the board for approval.

■ 1000　目的、職權及責任 ■

內部稽核單位之目的、職權及責任,須明訂於內部稽核規程,其內容須符合內部稽核任務及專業實務架構之強制性要素(內部稽核專業實務核心原則、職業道德規範、本準則及內部稽核定義)。內部稽核主管須定期檢討內部稽核規程,並將其提報高階管理階層及董事會通過。

2.1　內部稽核規程要素

　　根據《準則》規定,內部稽核活動須訂立內部稽核規程,如圖 2–1 所示,內部稽核規程要素應包含內部稽核活動之目的、職權及責任,並對 IPPF 之強制性指引做出確認。

▲圖 2-1　內部稽核規程要素

2.1.1　目的——內部稽核的服務、報告及定位

　　內部稽核活動的目的，是對風險管理、控制和治理過程進行評估，提高機構的效率，以實現機構目標。

　　內部稽核規程應確保內部稽核單位的機構地位，保證內部稽核單位的獨立性；內部稽核單位的直接報告層級越高，機構獨立性就越強。IIA 的理想報告關係，應當是內部稽

核主管 (CAE) 在職能上向審計委員會報告，在行政上向執行長 (CEO) 報告。

　　如果缺乏機構獨立性，會使內部稽核活動面臨諸多限制，嚴重者將導致內部稽核功能失效，例如高階主管可能會為了自身利益要求取消或延後某些專案查核，或要求刪除某些對其不利的稽核報告內容。

案 例　2-1

日本「奧林巴斯案」，是一場董事會和高階主管參與其中、延續 20 年、造假金額高達 18 億美元的財務騙局。2011 年 7 月，媒體報導了奧林巴斯財務報表存在不合理之處，質疑其財務造假，這份報導引起了當時的 CEO 伍德福德的警覺；當他想要詳細調查時，卻被董事會全票決議解雇。同年 11 月，奧林巴斯首次公開承認財務造假，涉及金額之大，使其成為日本歷史上最嚴重的會計醜聞之一。

此案中，內部稽核功能嚴重失效，奧林巴斯的董事會被內部人員操控，獨立董事僅占 20% 的董事會席位且沒有話語權；因此，該公司的內部稽核部門也形同虛設，失去了機構獨立性，無法有效地執行稽核活動。內部稽核部門當然也未能提高組織效率，把實現組織目標作為稽核工作的目的，而是淪為被管理階層操縱的工具。

2.1.2　職權——擁有達到稽核目標所需要的資源

規程應當明確授權內部稽核單位能夠全面、自由、不受限制地接觸與專案執行有關的各種記錄、人員及實體財產。即使內部稽核單位已經取得足夠的機構地位，若沒有被授予適當的職權，受查單位仍有可能拒絕稽核人員提出的查看有關記錄的要求，尤其是擁有敏感資訊的部門。因此較好的作法是，在內部稽核規程中，對稽核所需資源作出原則的授權；在規劃年度工作時，將專案計畫與詳細的資源需求報送高階主管和董事會審核。

　　規程還應當賦予內部稽核主管可以直接、無限制的與高階主管和董事會接觸的權力，報告的頻率和內容由內部稽核主管、高階主管、董事會協商後確定，並取決於報告資訊的重要性和需要高階主管／董事會採取相關行動的緊迫程度。如果管理階層有任何對於稽核範圍和稽核結果報告的不當限制都應告知董事會，因為這些將會嚴重損害內部稽核的獨立性。

案　例　2-2

　　重慶三峽水利電力（集團）股份有限公司是一家中國上市公司，依中國《公司法》、《證券法》設立了內部稽核部門。雖然表面上內部稽核範圍涵蓋了集團所有經濟事項，但實際上公司只有 3 名內部稽核人員，還要兼職其他經營管理工作，根本不具有開展內部稽核工  作的必要資源。2010 年內部稽核部門查出集團旗下某子公司通過虛構關聯方交易，虛增收入及應收款 100 多萬人民幣。但由於高階主管的影響，內部稽核工作受到限制，難以繼續深入查核。

　　由於管理階層不重視，導致內部稽核部門職權狹窄，無法取得開展業務所必需的資源，造成內部稽核失效。

2.1.3 責任——界定內部稽核業務之範圍

　　在內部稽核規程中，對內部稽核的範圍進行界定，有利於減少內部稽核單位與受查單位的意見分歧，且可提高工作效率。在理想狀況下，內部稽核的範圍是機構所有的經營活動；但實務中可能基於各方面考慮，而限制對某些領域的稽核。內部稽核的查核範圍不當，也有可能造成內部稽核失效。如

圖 2–2 所示，稽核業務界定範圍包括對各類確認性業務和諮詢業務的性質作出規定；對被稽核的實體機構範圍作出規定；明確闡明內部稽核部門與外部審計、監督機構間的職責分工；明確後續追蹤的責任等等。

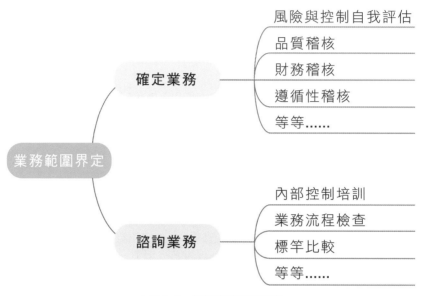

▲圖 2–2　稽核業務界定範圍

案　例　2–3

　　中國海運（集團）總公司在 2008 年被爆出財務醜聞，其韓國釜山子公司運費收入及部分投資款被內部人員非法截留轉移，轉移次數高達 100 多次，總額累計達 3 億人民幣。

　　運費是航運公司的主要營業收入，應當是稽核重點關注領域。但是中海集團對於海外子公司，只要求報總帳，不需要報明細帳，通常也不對海外子公司進行定期稽核，缺少對子公司的必要監督。由於稽核範圍不當，為子公司或分支機構創造了易於舞弊的環境，最後導致企業重大損失。

2.1.4　對 IPPF 強制性指引之確認

內部稽核規程需要對 IPPF 之強制性指引（內部稽核專業實務核心原則、《職業道德規範》、《準則》及內部稽核定義）作出確認。稽核主管應與高階主管及董事會討論這些強制性要素，確保他們理解並支援內部稽核任務。

除了強制性指引外，IPPF 還有建議性指引，包括實施指引及補充指引。透過建議性指引對《準則》作進一步解釋，幫助將《準則》應用到實務場景中，值得所有內部稽核人員學習。

2.1.5　內部稽核規程的審核

內部稽核規程之內容應當經過高階主管和董事會審核通過，並最終由董事會（審計委員會）核准通過，這表明了高階主管和董事會對內部稽核活動的理解和支持；當某項內部稽核業務受到質疑時，經核准過的內部稽核規程就是最好的證明。

稽核規程並非一成不變，內部稽核主管須定期檢討規程，及時新增、刪除、調整有關內容，確保內部稽核業務與時俱進，符合企業管理需求和發展方向。

2.2　本章小結

綜上所述，內部稽核是為企業而服務，最終目標是為增加企業價值，因此內部稽核主管應當與董事會和高階主管保持聯絡，確保內部稽核與企業目標定位一致，將企業目標轉化為內部稽核的具體目的、職權和責任，落實到書面文件，即內部稽核規程；該規程經高階主管、董事會核准後，作為內部稽核工作開展的指引。

內部稽核規程的作用，類似於內部稽核部門與公司所有者制訂的作業契

約，IIA 給與了這份內部契約強制要求及建議，保證契約的可行性和完整性。同時，通過 IPPF 的要求，在最大限度的情況下，保證內部稽核工作的標準化，避免在實務過程中出現偏離。

2 觀念自我評量

（　）1. 為維護內部稽核單位的獨立性，請問內部稽核單位的職權是由誰所核准後授予？

A. 會計長

B. 經營委員會

C. 董事會

D. 營運長

（　）2. 內部稽核規程是主要影響內部稽核單位獨立性的重要因素之一，下列何者最不可能是該規程的部分內容？

A. 接觸組織內記錄的限制

B. 內部稽核的稽核業務範圍

C. 內部稽核主管的個人任期長短

D. 接觸組織內的人員

（　）3. 請問內部稽核規程有下列哪個項目？

A. 對稽核業務範圍進行界定

B. 要對 IPPF 之強制性要素明確闡明

C. 清楚區分內部稽核部門與外部審計的職能分工

D. 以上皆是

（　）4. 下列哪項不是內部稽核人員的職責？

A. 設計並落實適當的控制措施

B. 發現對存貨內部控制的缺陷

C. 研究影響經營活動的市場因素

D. 評價公司政策執行的有效性

(   ) 5. 審計委員會作為董事會的專門機構，能給內部稽核帶來的最大的保障是下列哪
一項？

A. 透過與首席稽核執行官協調溝通，為內部活動的正常進行提供保障

B. 對日常經營管理活動進行必要的監督

C. 保證內部稽核的獨立性，避免受到管理層的不當干擾及影響

D. 批准年度稽核計畫

1. 答案│ C

　　理由│ 內部稽核單位之目的、職權及責任必須明訂於內部稽核規程，內部稽核主管須定期檢討
　　　　　內部稽核規程，並將其呈報高階主管及董事會核准通過。（一般準則 1000）

2. 答案│ C

　　理由│ 內部稽核主管個人任期長短是董事會的決策事項，不應是內部稽核規程的內容專案。（一
　　　　　般準則 1000）

3. 答案│ D

　　理由│ 前三項內容都應列入內部稽核規程內容。（一般準則 1000）

4. 答案│ A

　　理由│ 制訂落實相應的管控措施是管理層的職責。

5. 答案│ C

　　理由│ 獨立性對於內部稽核來說是至關重要的，審計委員會作為董事會的一個專門機構，有責
　　　　　任也有足夠的能力保護內部稽核的獨立性免受管理層的不利影響，這就是審計委員會的
　　　　　最大益處。其他選項是審計委員會的職責，但不是最大的有利保護。

第三章

《準則》1100　保持獨立性與客觀性

1100　Independence and Objectivity

The internal audit activity must be independent, and internal auditors must be objective in performing their work.

1100　獨立性與客觀性

內部稽核單位須具超然獨立之地位，內部稽核人員執行業務須保持客觀。

3.1　獨立性與客觀性

　　根據《準則》規定，獨立性和客觀性是內部稽核的重要內在價值和根本。根據《準則》第 1100 條規定，內部稽核單位須具有超然獨立之地位，內部稽核人員執行業務須保持客觀。IPPF 要求內部稽核單位或內部稽核人員必須無條件地遵循該規程，且具有強制性。

　　如果獨立性或客觀性在實質上或形式上受損時，須適當揭露受損情形。根據《準則》第 1130 條規定，所需揭露之性質視受損情形而定。

3.2　解　析

3.2.1　機構之獨立性

　　獨立性是指內部稽核活動，在不受任何影響、控制或威脅的狀況下所實際執行。為有效達到機構之獨立性，內部稽核單位應向有權力保證內部稽核獨立性的層級或單位報告。按照《準則》第 1110 條規定，「內部稽核主管須向機構內能使內部稽核單位完成其責任之層級報告。內部稽核主管須至少每年一次向董事會確認內部稽核單位在機構內之獨立性。」當內部稽核主管在職能上向董事會報告，才算有效實現機構獨立性。

　　為保證內部稽核人員不受任何來自外界的干擾，內部稽核單位必須有專職的稽核人員，不應由其他功能單位（如財會人員）兼職。同時，內部稽核人員不應兼辦機構的經濟業務，更不能直接參與各部門之營運活動。

　　實務中，稽核單位保持超然的獨立性有助於執行業務時不受影響，甚至可能為機構目標實現做出貢獻。

案　例　　3-1

　　萬達集團主要實行集權式管理體制，且規模龐大，董事長對內部稽核單位非常重視。萬達集團最新發布的內部稽核規程中，明確規定稽核單位具有獨立性，明確規定其內部稽核目的、權力及具體實施專案等內容。同時，要求稽核單位應在會計年度結束的兩個月前，向審計委員會提交年度稽核業務規劃；並在會計年

度結束後的兩個月，向審計委員會提交稽核報告。

　　由於萬達集團嚴格的內部稽核規程以及董事會成員的重視，內部稽核單位在執行業務時不受任何影響，保持著超然獨立性，取得了良好的內部稽核績效。在2018 年度總結報告中，萬達集團內部稽核單位 2018 年度比上一年度查核違規事件增加，並且及早發現問題，為公司降低高額的損失。

3.2.1.1　與董事會之直接互動

　　為有效確保內部稽核單位之獨立性，《準則》第 1111 條規定「內部稽核主管須與董事會直接溝通及互動」。

　　內部稽核主管必須每年至少一次，向董事會確認內部稽核單位之獨立性。為有效促進機構之獨立性，董事會須履行一定的職能，包括核准內部稽核規程、批准內部稽核年度規劃、確定內部稽核範圍等。

　　在日常營運中，內部稽核主管可以透過定期參與董事會舉辦的關於稽核、財務報告、機構治理和控制系統等監督職責的會議，來獲取經營策略資訊；以及針對高

風險系統、作業流程或控制等事項規劃內部稽核活動，並與管理階層溝通和互動。

案 例 ▶ 3-2

　　中國科技娛樂公司樂視控股集團是一家致力打造基於視頻產業、內容產業和智慧終端機的「平臺＋內容＋終端＋應用」完整生態系統的中國上市公司。樂視公司在 2016 年通過西藏樂視使用募集資金向版權出售方購買版權時，因演員變更等原因重新進入談判期造成付款延後，於是該公司將此版權費用於支付員工工資、稅費結算等上市公司補充流動資金用途，並未按照《募集資金管理制度》的相關規定，提交董事會審議，並由獨立董事、監事會、保薦機構發表明確意見；該違規行為涉及金額達 8.81 億人民幣。

　　由於樂視集團內部稽核未能切實履行每季向董事會或者審計委員會進行彙報的職責，造成樂視監督上的漏洞；使得樂視內部舞弊發生頻率提高，資金經常挪用到風險較大的項目，風險預警無法發揮功能，最終導致內部稽核的嚴重缺失。

3.2.1.2　內部稽核主管承擔內部稽核以外之角色

　　內部稽核主管可能被要求承擔內部稽核職能以外之額外角色，如兼任風險管理業務之責任，這些角色或責任可能在形式上損害內部稽核單位在機構中之獨立性。

　　為避免內部稽核活動之獨立性被損害，依照《準則》第 1112 條規定，「內部稽核主管具有或被期待承擔內部稽核以外之角色或責任時，須有減少其獨立性或客觀性受損之保護機制」。保護機制主要由董事會採取督導作業，以處理可能的損害；並定期評估報告體系，以及制訂替代之流程，藉以確認額外之責任領域。

案 例 3-3

日本東芝公司是日本最大的半導體製造商，2015 年初因公司股價連續跌幅超過 10% 引起監管單位注意。協力廠商調查報告顯示，2008 至 2014 年公司累計虛報稅前利潤 1,518 億日幣；2016 年 3 月，該公司又被發現通訊業務方面的財務造假問題，虛增利潤 58 億日幣；同年 11 月公司再次發現子公司東芝 EI 控制系統公司營業部員工偽造票據虛構合約，導致公司累計虛報銷售收入 5.2 億日幣。百年企業因財務醜聞而深陷經濟危機。

據調查，東芝雖然設有獨立董事，但是三名外部獨立董事包括兩名外交官和一名前銀行家，所有成員皆沒有會計背景，無法發揮作用。公司監事全部來自公司內部，且公司董事會成員仍然兼任著公司管理人員，部分董事曾任職於公司管理部門，不相容職務尚未實現有效職能分工。由於公司治理方面的內部控制失效，無法發揮有效監督作用；再者，內部稽核的預警機制蕩然無存，最終致使公司深陷危機。

3.2.2 個別人員客觀性

利益衝突會影響內部稽核人員作出違背公正的專業判斷，和損害個人的客觀履職能力。

內部稽核人員在執行業務時須保持客觀性，《準則》第 1120 條要求內部稽核人員必須秉持公正無私之態度，避免任何利益衝突。從宏觀層面看，利益衝突將削弱內部稽核個人甚至整個內部稽核職業的信心，進而導致信用危機，造成嚴重後果。

為避免出現潛在或實際利益衝突和偏見之情況，IPPF 要求在可行的情況下，內部稽核主管須定期輪換內部稽核人員之業務。

案　例 ▶ **3–4**

帕瑪拉特是義大利第八大企業集團，以生產和銷售牛奶、果汁和乳製品為主，在食品行業中地位舉足輕重；由於該公司無力填補 140 億歐元的財務黑洞，被迫宣布破產。帕瑪拉特的財務控制人員非但沒有履行控制的責任，反而成了管理當局造假的好幫手；其內部

稽核人員波契向檢察官承認偽造了美洲銀行對近 40 億美元虛假帳目的銀行函證。如此看來，內部稽核沒有保持應有的客觀性，造成了嚴重財務造假。

3.2.3 獨立性或客觀性受損

3.2.3.1 損害獨立性或客觀性之情形

對機構獨立性和個別人員客觀性損害之情形，主要包括但不限於：稽核範圍受限、個人利益衝突、限制稽核人員接觸記錄／人員／實物資產、經費等資源受到約束等。

為確保在當前或未來執行業務時，內部稽核人員之客觀性不受損害，內部稽核人員不應接受公司員工、客戶、供應商或業務夥伴的酬金、饋贈和款待。如果有人以稽核單位之地位和業務之重要性為由，提供大額酬金或貴重禮物時（一般公眾能得到的物品或價值極小的宣傳物品除外），內部稽核人員應立即向上級單位報告。

在執行確認性服務時，內部稽核人員對其過去負責之特定業務須回避，即使臨時調用或聘用制人員須離開原崗位至少一年後，才能參與稽核過去負責之營運業務。

3.2.3.2 對獨立性或客觀性受損之揭露

內部稽核主管應以書面形式與董事會溝通稽核受限之影響。如果稽核範圍受限，將阻礙內部稽核單位完成業務目標和規劃。

按照 IPPF 規定，稽核報告應對內部稽核人員在稽核專案中的責任、在稽核工作中的重要性、稽核人員與被稽核專案中相關人員的關係等項目進行揭露。內部稽核人員如果面臨損害擬開展諮詢業務之獨立性或客觀性時，應在接受該業務之前，向客戶揭露相關訊息。

案 例 ▶ **3–5**

根據《準則》第 1000 條中所述，中國海運（集團）總公司其駐釜山分公司的巨額運費收入及部分投資款被內部人員通過一百多次非法截留轉移，總額累積達到 3 億多人民幣。同時，該公司財務人員採用虛報費用、虛開發票等造假手段，為脫逃隱藏資金埋下隱患。

由於該財務負責人同時兼任公司內部稽核人員，嚴重違背了獨立性原則，也成為財務舞弊行為發生的重要原因之一。

3.3　本章小結

　　綜上所述，對於內部稽核單位及內部稽核人員，保持獨立性與客觀性十分重要。內部稽核單位之獨立性，有助於稽核人員在執行業務時具備權威性；內部稽核單位以企業協力廠商的身分進行稽核、分析和評估，有效防範企業各項經濟業務之風險。內部稽核人員保持客觀性有助於發揮內部稽核之功能，以客觀公正的態度對業務進行評估，是內部稽核活動成果真實性之重要保證。內部稽核透過獨立、客觀之稽核活動，可以為企業增加效率，從而實現機構目標。

③ 觀念自我評量

（　）1. 有關內部稽核單位獨立性，應有下列哪一個特性？

　　A. 稽核主管對人力的配置與督導

　　B. 要求內部稽核人員要持續專業發展與善盡專業上應有之注意

　　C. 強化人際關係溝通

　　D. 在機構具有獨立地位

（　）2. 讓內部稽核單位最可能維持獨立性，完成其職責的組織架構，係指內部稽核主管向誰報告？

　　A. 行政性報告向董事會，功能性報告向執行長 (CEO)

　　B. 行政性報告向會計長，功能性報告向執行長

　　C. 行政性報告向執行長，功能性報告向董事會

　　D. 行政性報告向執行長，功能性報告向外部審計人員

（　）3. 請問下列哪一項情況，內部稽核人員最可能損及其客觀性？

　　A. 承接一個確認性服務工作，但內部稽核人員在一個月前才從該受查部門調職到稽核部門

　　B. 由於預算限制，導致稽核項目範圍之減少

　　C. 參與一個工作小組，針對新配銷系統管控制度，提出考核標準之建議

　　D. 在實際執行稽核工作之前，曾覆核受查部門的採購契約草稿

（　）4. 請問下列哪一項情況最不可能加強內部稽核單位的獨立性？

　　A. 內部稽核部門已制訂正式的書面章程

　　B. 向董事會提交年度稽核工作計畫

　　C. 與董事會建立直接報告關係

　　D. 獲得充分資金來源，落實全面稽核方案

(　　) 5. 各種稽核活動的客觀性程度不同，以下哪種稽核活動的客觀性最強？

    A. 對公司加班政策的合規性稽核

    B. 對人事部門雇傭和解雇活動的經營性稽核

    C. 對市場部的績效稽核

    D. 薪資程式的財務控制稽核

1. 答案 | D

理由 | 內部稽核單位的獨立性與內部稽核人員的客觀性，讓內部稽核在執行稽核專案時，提供公正且無偏差之專業判斷。（一般準則 1110）

2. 答案 | C

理由 | 行政性報告向組織執行長，功能性報告向董事會，可促進內部稽核的獨立性。（一般準則 1110）

3. 答案 | A

理由 | 由於內部稽核人員須避免任何利害衝突，在此情況不能承接確認性服務工作，因為內部稽核人員剛從該受查部門調職到稽核部門。（一般準則 1120）

4. 答案 | D

理由 | 「制訂章程、向董事會直接報告並提交年度稽核計畫」都是保證內部稽核單位獨立性的推薦作法，相比之下「獲得充分資金來源，落實全面稽核方案」不符合組織成本效益原則，所以最不可能加強內部稽核單位的獨立性。

5. 答案 | A

理由 | A 重視客觀證據，並且有明確而清晰的判斷標準，不需要過多的主管判斷，因而客觀性最強。B、C、D 均需要更多的主管判斷，因而客觀性較弱。

第四章

《準則》1200　具備工作之技能專精及專業注意

> ■ 1200　Proficiency and Due Professional Care ■
>
> Engagements must be performed with proficiency and due professional care.
>
> ■ 1200　技能專精及專業上應有之注意 ■
>
> 內部稽核工作之執行，須具備熟練之專業技能，並盡專業上應有之注意。

4.1　技能專精及專業應有之注意

　　根據《準則》規定，內部稽核人員須具備執行其個別職責所需之知識、技能及其他能力。內部稽核人員須實行合理謹慎及適任之內部稽核人員所應有之注意及技能。盡專業上應有之注意並非意指完全無錯誤或失敗。內部稽核人員須持續其專業發展，以增進知識、技能及其他能力。

4.2　解　析

4.2.1　專業能力

　　「知識、技能及其他能力」包含考量目前業務、發展趨勢及新興議題，

以便提供決策攸關之諮詢意見與建議。內部稽核人員需取得適當之專業證照資格，如 IIA 所提供之內部稽核師或其他與內部稽核相關的專業證照。

內部稽核人員都應該具備一定的稽核專業知識、技能和其他能力，包括精通內部稽核的工作程式、技術，熟悉會計準則，理解管理原則，並具備辨識舞弊風險的知識；對會計學、經濟學、商業會計法、稅法、公司相關法律、金融相關知識、量化方法、資訊技術等基本內容有一定的瞭解。內部稽核人員還需具備敏銳的分析能力和準確的判斷能力，及建立良好人際關係的意識和能力。

稽核主管在招聘稽核人員時，應在充分考慮工作範圍和責任層次的前提下，確定各個職位所需的教育程度、專業能力及工作經驗要求，應優先錄用具備專業證照（如 CPA/CIA）的人員；應鼓勵內部稽核人員在工作之餘透過學習，獲取適當的專業資格證書。稽核主管還應重視機構專業化培訓計畫，提升整體專業能力。

4.2.2　應有的職業審慎

職業審慎意謂內部稽核人員在複雜的環境中，能運用自己的專業知識和技巧，識別出損害組織利益的行為；並且對故意做假犯錯、發生錯誤和遺漏、消極怠工、浪費、工作無效、利益衝突和不正當的行為，以及最可能發生違法亂紀現象的情形和活動，保持高度警覺。同時還應該辨認控制不夠充分的領域，提出促進遵守可接受程式和實務的改進建議。

基於應有的職業審慎，要求內部稽核人員在合理程度上開展檢查和驗證工作，但不要求對所有交易進行詳細檢查；亦即，不能絕對保證組織機構不存在任何不遵守規定或違法亂紀現象。如圖 4-1 所示，執行確認性專案時，須考慮五個方面的事項。

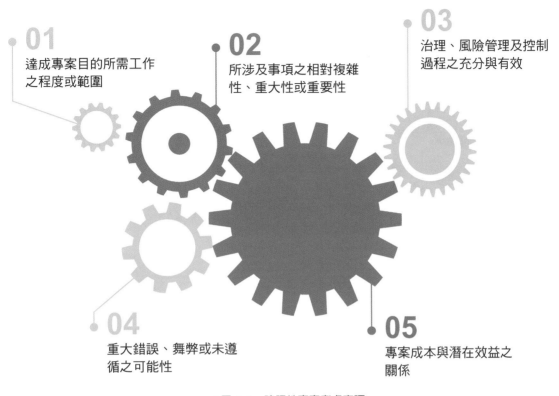

01 達成專案目的所需工作之程度或範圍

02 所涉及事項之相對複雜性、重大性或重要性

03 治理、風險管理及控制過程之充分與有效

04 重大錯誤、舞弊或未遵循之可能性

05 專案成本與潛在效益之關係

▲圖 4-1　確認性專案考慮事項

案 例　　4-1

　　美國最大的醫療保健公司——南方保健公司於 1997 至 2002 年上半年期間，虛構 24.69 億美元的利潤，直至 2003 年 3 月會計造假醜聞揭露；然而，為南方保健公司財務報表提供審計服務的安永會計師事務所，連續多年對南方保健財務報告簽發無保留意見。

　　安永在提供審計服務期間，忽略多項財務預警信號。例如安永主審合夥人曾經收到關於提醒註冊會計師南方保健存在會計舞弊，需重點審查的三個會計帳戶的郵件；內部稽核人員向安永審計小組抱怨長期不被允許接觸南方保健的主要帳簿資料，內部控制機制運行明顯異常；與同行業其他企業相比，南方保健通過收購迅速擴張，利潤率成長異常迅猛。

　　由於安永審計人員對多項財務預警信號未保持應有的職業審慎，造成多年的審計失敗。基本上，無論是外部審計人員或是內部稽核人員，在執行審計或稽核任務中，都應保持高度的職業審慎。尤其對負責審計的外部會計師，藉此能敏銳

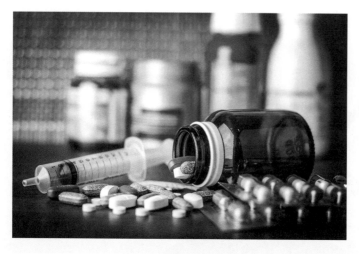

地發現問題、捕捉舞弊的蛛絲馬跡，還能提高審計效率，使審計工作事半功倍；相反地，如未能保持應有的職業審慎，即使按部就班地執行了所有既定的審計程式，也無法獲得應有的審計效果，當然審計品質也無法保證。

4.2.3　持續職業發展

　　內部稽核人員應當注重本身知識的更新及層面的擴展，積極參加內外部專家的知識講座或授課，不斷學習國家／行業法令規定、內部稽核準則、企業會計準則、審計準則等，與提升專業能力相關實務案例的內容。

案　例　4-2

　　北京神州泰岳軟體股份有限公司（以下簡稱神州泰岳）成立於 2001 年，是一家中國綜合類軟體產品及服務提供者。公司內部稽核部門在稽核方法方面，依然是人工操作，未建立數位的稽核資訊化系統；同時，內部稽核提供的服務依然是財務收支和內部控制方面的檢查，未能提升到公司治理層面所要求的監督功能。內部稽核工作模式非常簡單，忽略公司新拓展的人工智慧、物聯網、大數據等新業務的查核。

　　神州泰岳內部稽核團隊缺乏精通軟體和稽核業務的專業型複合人才，並且稽核的思路及方法過於傳統，內部稽核團隊未能根據公司業務變化持續其專業發展，所以導致無法及時發現新增業務領域存在的風險，更無法有效發揮應有的管理及監督職能。該公司應該定期安排內部稽核人員到資訊系統業務部門職務輪調學習，並聘請專家對內部稽核人員進行專業知識培訓，加強對內部稽核人員技能考核，以提高內部稽核人員的專業水準。

4.3　本章小結

　　綜上所述，若要保證稽核工作能為機構帶來應有的價值，以及內部稽核業務發揮功效，內部稽核主管應注重選拔、培養一支專業勝任能力較強的稽核隊伍；同時，應注重培養稽核人員的專業判斷能力，確保能準確、及時識別可能影響組織目標、營運或資源的重大風險。提升稽核人員的專業勝任能力，最好要求相關人員通過持續專業發展訓練來實現。

④ 觀念自我評量

( ) 1. 內部稽核單位整體所須具備的能力，包括認識下列哪一項？

A. 內部稽核程式及技術

B. 會計原則及技術

C. 生產原則

D. 科技應用

( ) 2. 何謂內部稽核人員的專業上應有之注意？

A. 採行合理謹慎及適任之內部稽核人員所應有之注意及技能

B. 意指完全無錯誤或失敗

C. 查出所有重大錯誤或舞弊情事

D. 與人相處溝通

( ) 3. 有關專業上應有之注意，請問下列哪一項敘述正確？

A. 詳細覆核某一特定功能的所有交易

B. 已知內部控制制度係屬薄弱時，仍有超凡的績效且毫無錯誤

C. 在每個專案執行期間，考量重大違規的可能性

D. 詳細測試，用以絕對保證沒有任何未遵循事項存在

( ) 4. 下列各項中，屬於內部稽核人員履行其應考慮的職業審慎為何？

A. 需確認事項的複雜性、重要性及嚴重性

B. 治理、風險管理和控制過程的適當性和有效性

C. 發生重大錯誤、舞弊和不合規的可能性，與潛在效益相對的確認成本

D. 以上皆是

(　　) 5. 內部稽核繼續專業進修的形式包括以下何者？

　　A. 參加稽核專業協會，獲得會員資格，並在專業協會中擔任志願者

　　B. 參加稽核研討會

　　C. 撰寫稽核工作專業論文，以及進修大學和自學稽核課程以及參加研究項目

　　D. 以上皆是

1.答案 | B
　理由 | 認識係指有能力辨識問題或潛在問題之存在，並辨識應進行的相關研究或應取得的協助。內部稽核人員須認識不同主題的基本概念，例如會計、經濟、商事法、稅務、財務、數量方法、舞弊、風險管理，以及資訊科技等。（一般準則1210）

2.答案 | A
　理由 | 內部稽核人員須採行合理謹慎及適任之專業人員所應有之注意及技能。盡專業上應有之注意，並非意指完全無錯誤或失敗。（一般準則1210）

3.答案 | C
　理由 | 應有之注意係指合理的注意及適任，而非毫無錯誤或超乎尋常的表現。亦即，專業上應有之注意要求內部稽核人員在合理的程度上，進行檢查及驗證。因此，執行內部稽核工作時，應考量重大不當情事或違規之可能性。（一般準則1220）

4.答案 | D
　理由 | 內部稽核人員不能絕對保證組織機構不存在不遵守規定或違法亂紀現象。內部稽核人員必須警惕可能影響目標、運營或資源的重大風險。（一般準則1220）

5.答案 | D
　理由 | 內部稽核人員必須通過專業發展來增加知識、提高技能和和其他能力。（一般準則1230）

第五章

《準則》1300　重視品質保證與改善計畫

5.1　品質保證與改善計畫

　　根據《準則》規定，內部稽核主管應主導建立一套涵蓋內部稽核活動所有方面的品質保證與改善計畫，用以評估內稽活動對《準則》之遵循、內部稽核人員對《職業道德規範》之遵守、稽核活動的效率和效果，以及辨識改善的機會。

5.2 解 析

5.2.1 品質保證與改善計畫之要求

品質保證與改善可分為內部評核與外部評核，具體如圖 5-1 品質保證與改善計畫所示。

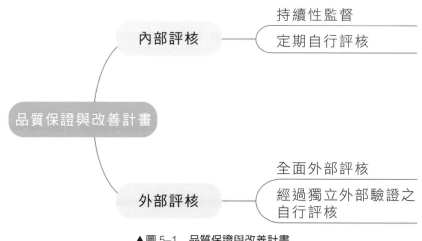

▲圖 5-1 品質保證與改善計畫

5.2.1.1 內部評核

持續性監督

內部稽核的持續性監督貫穿內部稽核專案的全部過程，在事前、事中、事後都要進行品質控制。

【事前品質控制】

主要由內部稽核主管負責，在稽核項目開展之前就應當有明確指示，包括制訂稽核標準程式、對內部稽核人員進行培訓、在專案計畫階段進行指導、應用統一的方法和工具等。

【事中品質控制】

主要由專案經理、高級稽核人員負責，包括對稽核人員的工作內容、個

人行為進行監督，對底稿、證據及結論進行覆核，確保每位稽核人員的工作都符合企業內部稽核標準。由於稽核工作需仰賴高度的專業判斷，面對相同的問題，不同的稽核人員可能會有不同的理解，事中覆核的目的是為減少人為主觀差異，以確保品質一致性。

【事後品質控制】

是在專案結束後，對特定稽核專案的過程和結果進行評估，可由內部稽核主管、品質保證部門、受查單位等相關單位執行，促使專案執行人不斷改善績效。評核標準應當事先確定，對同類型專案使用同一套標準，保證評核過程和結果的公平、客觀。

案　例　5-1

雲南綠大地生物科技股份有限公司（以下簡稱「綠大地」）於 2007 年在中國深交所掛牌上市，2010 年被中國證監會立案調查，發現存在嚴重的財務造假行為。在上市前的 2004 至 2007 年 6 月間，綠大地使用虛假的合約、財務資料，虛增資產共計 7,011.4 萬人民幣；採用虛假苗木交易銷售，編造虛假會計資料、關聯公司將銷售款轉回等手段，虛增營業收入總計 2.96 億人民幣。上市後綠大地仍通過類似手段繼續財務造假行為，粉飾報表資料。2011 年綠大地董事長因涉嫌「欺詐發行股票罪」被捕，多名高階主管也受到相當處罰。

綠大地的內部稽核業務品質低落，是造成舞弊的重要原因之一。綠大地的內部稽核人員多數是從財務部門抽調而來，許多人並不具備內部稽核相關背景；此外，也未接受適當的初任稽核或職前培訓，導致內部稽核人員的專業及執行能力十分薄弱，嚴重影響稽核工作的品質。

除了人員素質外，綠大地的內部稽核規程也不完善，標準化程度低。未定期根據公司實務執行調整，導致內部稽核人員未能有標準作業模式可供遵循；相對地，主要依靠個人自身經驗開展稽核工作，所以隨意性大且專案品質參差不齊。專案覆核制度又十分簡單，僅檢查底稿是否簽字、要素填寫是否齊全等項目，檢查標準只是停留在形式方面，缺少對稽核品質的實質性覆核。由此可見，綠大地的品質保證程式，在事前、事中、事後各環節都有不全之處。

定期內部評核

定期（如每年一次）對內部稽核活動是否遵循《準則》和《職業道德規範》展開全面的自我內部評核，具體方式包括由內部稽核部門管理人員進行業務抽查，對內部稽核人員的誠信、客觀、保密、勝任情況進行盤查，不同專案組之間交叉檢核底稿，對稽核部門／人員關鍵績效指標 (KPI) 進行考核等。由於自我內部評核的客觀性、獨立性皆天生不足，內部稽核主管應當加強對自我評核過程的督導，以提升評估結果的有效性。對於大型內部稽核部門來說，還可以設立專門的品質評核部門，履行內部評核職責。

案　例　5–2

相關於案例 5–1，綠大地內部稽核的觀念和方法、技術都比較落後，還沒有形成風險導向的稽核觀念，且稽核品質問題在上市三年來一直未得到改善，這說明綠大地未能執行有效的自我評核和改進。同時綠大地的稽核工作嚴重缺乏計畫性（經常出現臨時性任務擠壓正常專案的資源），導致稽核品質控制的目標和評核標準不明確，考核的深度和廣度都有欠缺；定期評核機制沒能真正發揮作用，無法有效提升內部稽核人員水準和內部稽核單位整體品質。

案　例　5–3

中國石油化工集團公司（以下簡稱「中石化」）的內部稽核品質管制體系，相較於案例 5–1、5–2 的綠大地比較完善。中石化自 2016 年開始探索崗位資格認定機制，規範內部稽核人員的任職要求，促進稽核職能專業化；在總部設立內部稽核專家庫，有效提升了內部稽核部門的勝任能力，擴展內部稽核的範圍。事中控制建立「四級」審理機制，並推行審理退回制度，嚴格控管稽核工作底稿的品質；實行內部稽核部門工作考核、稽核專案品質考核、內部稽核人員工績效考核的三層考核機制；並通過內部稽核專案追責制，督促內部稽核人員提升專案查核品質。

5.2.1.2 外部評核

外部評核應當至少每五年進行一次，包括全面外部評核和內部自行評核後進行獨立的外部驗證兩種方式。內部稽核主管應當與董事會（審計委員會）討論外部評核的形式和頻率，以及外部評核者／團隊的資格及獨立性，並鼓勵董事會（審計委員會）監督外部評核的過程，以減少潛在的利益衝突。

在選擇外部評核者／團隊時，應當從獨立性和適任性兩方面去考量。獨立性表示外部評核者／團隊與內部稽核單位沒有任何實際或可能被認定的利益衝突；適任性表示外部評核者／團隊應當精通內部稽核專業實務及外部評核流程，可以從專業學習和過往經驗來考察，從評核團隊整體來說具有勝任能力即可。

IIA 於 1980 年代開始推行內部稽核品質評核，已經在業界具有相當高的認可程度。在北美地區，大約 50% 的組織已經開展了獨立的外部品質評核，其他地區也逐漸採用。

針對內部稽核工作，應落實至少五年一次的外部評核。本書參考國際知名諮詢顧問公司設計的稽核品質評核項目，衡量指標主要依據八個面向，如圖 5–2 所示。

與戰略目標的一致性	服務文化	創新的技術	成本效益分析
➤ 確保與公司戰略計畫及目標一致，因此需持續關著相關的對話溝通對部門使命及願景完成情況予以評估	➤ 建立企業內部專業服務諮詢的文化 ➤ 提升組織的營運效率及風險管理	➤ 通過內部稽核技術幫忙稽核人員識別風險 ➤ 提升稽核人員的工作效率 ➤ 持續關注新的內部稽核技術	➤ 注重成本效益分析，優化稽核流程 ➤ 稽核工作的完成，應合乎成本效益

持續提升品質	以風險為核心的稽核計畫	人才模式	與利益相關者溝通
➤ 持續關注品質及標準的設計 ➤ 鼓勵品質的創新與提升，使之成為企業文化	➤ 關注各項風險動態的變化 ➤ 以風險管理為導向，開展年度稽核計畫	➤ 合理的制定人才合作計畫，與內外部專家協作 ➤ 滿足組織的特定的期望建立績效回饋機制等 ➤ 促進內部稽核長遠發展	➤ 持續關注內、外部利益者的關聯關係 ➤ 對於利益相關者的期望、溝通策略等引入適當的回饋機制

▲圖 5–2　外部評核效益

5.2.2 品質保證與改善計畫之報告

內部稽核主管應當定期向高階主管和董事會溝通品質保證與改善計畫的報告內容，這一報告義務被載明於《準則》第 2060 條「向高階管理階層和董事會報告」。報告的形式、內容及頻率，由內部稽核主管和高階主管、董事會討論後確定。IIA 要求的報告頻率為外部評核及定期內部評核應當在完成後立即溝通，持續性監督結果至少每年報告一次。除了對內報告，內部稽核主管也可以將自我內部評核的內容與外部負責審計的會計師分享。

案 例 ▶ 5-4

　　金亞科技股份有限公司（以下簡稱「金亞科技」）2009 年 10 月在深交所創業板上市，主營業務是研發、生產以及銷售數位電視軟硬體產品。2015 年 6 月金亞科技因涉嫌財務造假被證監會調查。金亞科技通過虛增貨幣資金，調增其他應收款 2.35 億人民幣，調整幅度 1,341%；2014 年度虛增收入和淨利潤，與已吊銷執照的公司虛構合約虛增預付款 3.1 億人民幣。以上造假資訊披露後金亞科技股價暴跌，損失慘重。

　　金亞科技審計委員會未啟動實質性的作用，內部稽核單位的績效未發揮，該公司上市以來的所有公告未發現有其履行自身職責的資料，監督單位沒有發揮監督財務資訊的實質作用。公司內部稽核主管離職後無人接管，內部稽核部門稽核品質堪憂，也可能是 2014 年的財務舞弊未被內部稽核發現的原因之一。前述如此重要的內部稽核品質缺失，未能透過品質改進程式以及與高階主管和董事會的溝通中予以改善，可以合理推斷內部稽核部門的品質保證與改善計畫以及報告執行無效。

5.3　本章小結

　　綜上所述，內部稽核部門應當建立起一套包含內部評核和外部評核的品質保證與改善計畫。其中，內部評核包括在專案過程中進行持續性監督，並定期進行全面的內部評核；外部評核包括請會計師事務所、顧問諮詢公司、專業協會等外部權威機構，對企業內部稽核品質作出獨立、客觀的評核。通過執行有效的內部評核與外部評核，並與有關方溝通品質評核結果與改進方案，才能促使企業內部稽核品質不斷地提高。

5 觀念自我評量

( ) 1. 內部評核應包括持續性監督與定期評核,下列何者不屬於持續性監督?

　　A. 日常督導與覆核

　　B. 管理內部稽核單位之例行性政策及實務

　　C. 聘請會計師執行內部控制專案審查

　　D. 評估對於職業道德規範之遵循情形

( ) 2. 內部稽核單位的外部評核,適用於下面哪一個項目?

　　A. 只針對內部稽核單位之遵循準則

　　B. 只針對內部稽核覆蓋範圍之有效性

　　C. 只針對內部控制之適足性

　　D. 針對確認性和諮詢工作的所有方面

( ) 3. 內部稽核主管以持續監控的方式,向高階主管及董事會報告內部評核的結果,請問頻率至少多久一次?

　　A. 每月一次

　　B. 每季一次

　　C. 每年一次

　　D. 每半年一次

( ) 4. 內部稽核部門持續進行品質保證與改正程式,可聘請外部機構進行評估,並將評估結果向高階主管及董事會報告,請問評核頻率至少多久一次?

　　A. 每年一次

　　B. 每三年一次

　　C. 每五年一次

　　D. 無需外部評估,僅執行自我品評估即可

(　　) 5. 針對品質保證與改進計畫，下列何者錯誤？

　　A. 內部評核和外部評核均屬於品質保證與改進計畫

　　B. 內部評核可以由公司內充分瞭解內部稽核實務的其他人員執行

　　C. 內部評核可由部門內部人員參與，這樣可以作為一種培訓

　　D. 內部評核包含對已完成之工作的品質和督導的評估，但可以不包括績效指標

1. 答案｜C
   理由｜內部評核包括對內部稽核單位之績效持續性監督，定期自行評核或由機構內充分瞭解內部稽核實務之其他人員執行定期評核。但是，聘請會計師執行內部控制專案審查不是內部評核的項目。（一般準則 1311）

2. 答案｜D
   理由｜外部評核包含對於內部稽核單位已執行之所有確認性與諮詢服務（或依據內部稽核規程應執行之工作）及其遵循內部稽核定義、職業道德規範以及執業準則之情形，表達明確的意見；如有必要，包含改善之建議。此外，外部評核完成時，應向高階主管及董事會提出正式之報告。（一般準則 1312）

3. 答案｜C
   理由｜內部稽核主管須至少每年一次向高階主管及董事會報告，確認內部稽核單位在機構內之獨立性。（一般準則 1320）

4. 答案｜C
   理由｜外部評估須每五年至少進行一次，可由專業外部機構執行或者內部評估後聘請外部機構執行驗證，並將評估結果及改善計畫向高階主管及董事會報告。（一般準則 1312）

5. 答案｜D
   理由｜須對內部稽核活動執行定期評核，確保其遵循相關準則，評核包括內部評核和外部評核；自我評估內容包括已完成工作之品質及對工作的監督情況、內部稽核程式和政策的充分性和適用性、內部稽核活動增加價值的方式、關鍵績效指標、滿足各利益方預期的程度等。（一般準則 1311）

參、實作篇

第六章

《準則》2000　內部稽核單位之管理

2000　Managing the Internal Audit Activity

The chief audit executive must effectively manage the internal audit activity to ensure it adds value to the organization.

2000　內部稽核單位之管理

內部稽核主管須有效管理內部稽核單位，以確保對機構產生價值。

6.1　內部稽核單位管理

　　根據《準則》規定，內部稽核主管須有效管理內部稽核單位，以確保對機構產生價值，內部稽核單位之管理方針如圖 6-1 所示，有四個面向。

確保工作結果達到了內部稽核章程所包含的目的和責任

確保內部稽核活動已遵循了《準則》

內部稽核單位之管理方針

確保內部稽核人員已遵循了《職業道德規範》和《準則》

確保已充分考慮可能對機構造成影響的發展趨勢和新興事項

▲6−1　內部稽核單位之管理方針

6.2 解析

　　內部稽核部門的宗旨、權利和職責應通過內部稽核章程予以正式確認，該章程應遵循《準則》和《職業道德規範》之規定。內部稽核主管在對內部稽核部門進行管理時，應確保內部稽核人員和內部稽核活動有效落實內部稽核章程、《準則》、《職業道德規範》之宗旨。內部稽核主管還應隨時關注及評估可能對機構造成影響的發展趨勢和新興事物，一方面用以審查內部稽核章程之適應性，另一方面作為內部稽核活動規劃的指南針。

6.2.1 規　劃

根據《準則》規定，內部稽核主管須訂定一套以風險為基礎的計畫，以決定符合組織目標之內部稽核事務優先順序。

基於成本效益原則，內部稽核單位不可能對機構的所有經營活動進行檢查，因此內部稽核主管須以風險導向為基礎制訂年度稽核工作計畫，主要表現為對可能影響機構目標實現的風險因素進行評估及重要性排序，同時考量董事會及高階主管的風險偏好水準以及對稽核範圍的預期，以此確定稽核領域、稽核目標和資源配置方案等。

年度稽核工作計畫具體落實到各項內部稽核活動時，相關稽核人員還應編製具體工作計畫，主要表現為在充分瞭解業務活動目標及流程的基礎上，進行風險評估，以此確定擬實施的稽核程式和時間安排等。

案　例 ▶ 6–1

從 1999 年開始，世界通訊公司開始利用會計手段來掩蓋虧損的事實，主要表現為濫用以前年度計提的準備金會計科目沖銷線路成本，如遞延稅款、壞帳準備、預提費用等，以誇大對外報告的利潤——僅此類造假金額就高達 16.35 億美元。

世界通訊公司的內部稽核部門，在編製稽核計畫前，未能對世界通訊公司的會計作業程式進行充分的瞭解，以制訂稽核計畫。

6.2.2 溝通與核准

根據《準則》規定，內部稽核主管須將內部稽核單位之工作計畫、所需資源及後續之重大變更，報請高階管理階層及董事會審核及通過。若稽核資源受到限制，須將其影響加以溝通。內部稽核工作計畫的有效落實，需以相應的稽核資源配置作為前提條件。因此，內部稽核主管應將稽核計畫及資源

需求提報董事會及高階主管審批。一方面，可以使其充分瞭解稽核工作計畫並獲取意見回饋，據以調整稽核工作計畫；另一方面，在稽核工作計畫獲批的情況下，即代表相關工作已獲取董事會及高階主管的支援，以此幫助稽核工作的順利開展。

案 例 6-2

　　相關於案例 4-1，2003 年 3 月 18 日，美國最大的醫療保健公司——南方保健會計造假醜聞敗露。該公司在 1997 至 2002 年上半年期間，虛構了 24.69 億美元的利潤，虛假利潤相當於該期間實際利潤（−1,000 萬美元）的 247 倍。南方保健最主要的造假手段，是通過「契約調整」這一收入備抵帳戶進行盈餘操縱。「契約調整」是營業收入的一個備抵帳戶，用於估算南方保健向病人投保的醫療保險機構開出的帳單，與醫療保險機構預計將實際支出的帳款之間的差額，營業收入總額減去「契約調整」的借方餘額，在南方保健的收益表上反映為營業收入淨額。這一帳戶的估算需要南方保健高階會計人員進行估計和判斷，具有很大的不確定性。南方保健的高階會計人員正好利用這一特點，貸記「契約調整」帳戶來虛增收入，蓄意調節利潤。

　　南方保健內部稽核部門得不到董事會的支持而勢單力薄，執行稽核工作時處處受阻，無法履行財務稽核和經營績效稽核的職責。南方保健內部稽核人員抱怨說：「我們無法接觸重要的帳簿資料，甚至對公司會計軟體系統中的一些模組，內部稽核人員也沒有登入系統的許可權。」

　　事實上，內部稽核部門應對企業的各種財務資料的可靠性和完整性、企業資產運用的經濟有效性進行稽核，因為公司內部稽核部門是執行公司內部控制的重要部分。南方保健的內部稽核部門由於稽核資源受阻，未能獲得高階主管與董事會支持，導致無法履行財務稽核和經營績效稽核的任務。

6.2.3 資源管理

根據《準則》規定，內部稽核主管須確保所需資源之適當、充分及有效配置，以完成既定之稽核工作計畫。

內部稽核資源包括專業團隊、外部服務提供者、資金支援、可利用的審計技術和方法。只有配置充足的、恰當的稽核資源，方能保障實現稽核業務的廣度、深度和及時性；即為了有效開展稽核活動，實現稽核目標，針對所配置的稽核資源，既有數量之要求，又有品質之要求。另一方面，內部稽核主管亦須衡量成本效益原則，對稽核資源進行合理地、有效地配置，以使稽核資源利用效益最大化。在稽核資源管理過程中，內部稽核主管負責評估稽核資源配置之適當性、充足性，並向董事會及高階主管提報資源現狀及需求。董事會及高階主管對稽核資源的充足性，承擔最終責任。

6.2.4 政策及程序

根據《準則》規定，內部稽核主管須建立政策及程序，以作為稽核業務之指引。

內部稽核單位應當根據組織的性質、規模和特點，編製內部稽核工作手冊，以指導內部稽核人員的工作。內部稽核工作手冊主要包括下列內容（見圖 6–2）。

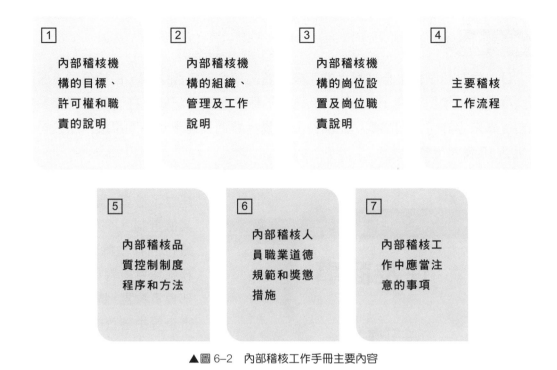

| 1 內部稽核機構的目標、許可權和職責的說明 | 2 內部稽核機構的組織、管理及工作說明 | 3 內部稽核機構的崗位設置及崗位職責說明 | 4 主要稽核工作流程 |

| 5 內部稽核品質控制制度程序和方法 | 6 內部稽核人員職業道德規範和獎懲措施 | 7 內部稽核工作中應當注意的事項 |

▲圖 6–2　內部稽核工作手冊主要內容

6.2.5　協調及依賴

　　為了使稽核工作計畫更合理、更符合實際、更加有利於實現稽核目標，內部稽核部門在制訂稽核工作計畫時，應廣泛聽取包括董事會及高階主管、外部負責審計的會計師和法規監管機構等各方面的意見，包括對財務和經營情況的分析、法律和法規的相關要求、稽核前掌握的資料、行業或經濟發展的趨勢等。內部稽核部門在廣泛聽取意見的基礎上，對稽核具體目標、物件、日程表等事項作出適當的調整，以保證內部稽核活動的效率和效果。

　　稽核人員在為董事會提供治理、風險管理和控制的確認時，可依賴或採用其他內部或外部確認提供方的工作。內部確認提供方包括企業內部如法規、資訊技術、品質、勞動健康與安全等職能部門，以及負責監督上述部門活動的管理部門。外部確認提供方包括外部會計師、合資企業各投資方、專家評審或協力廠商審計機構。內部稽核章程和／或業務委託書，應當說明內部稽核活動有權接觸其他內部或外部確認提供方的工作。

案例 6-3

日本住友商事曾是全球最大的工業、貿易和金融集團之一，由於公司首席商品交易員濱中泰男，自 1986 年以來通過不斷篡改帳目記錄，在倫敦金屬交易所私自從事未經許可的銅和銅衍生品商品交易，經過長達十年時間累積，給公司造成超過 18 億美元的損失。

住友商事雖然在內部建立了檢查、監督體制，但其檢查制度不完善；例如，銀行的存款餘額通知由財務部負責核對，收支由經理部負責核實，銅交易的風險審查等由審查部負責處理。各部門之間並未做到資訊的及時溝通與分享，導致監督體制失效，造假行為無法被及時發現。

6.2.6　向高階主管及董事會報告

內部稽核主管須將內部稽核單位之目的、職權、責任及工作計畫執行以及遵循《職業道德規範》及《準則》之情形，定期向高階主管與董事會提出報告。報告內容須包括重大之風險與控制問題，包含舞弊風險、治理問題以及需要高階主管及／或董事會關注的其他事項。報告頻率及內容之決定，應由內部稽核主管、高階主管及董事會共同決定。報告之頻率及內容取決於所欲溝通資訊之重要性以及高階主管及／或董事會所應採取相關行動之急迫性。如圖 6–3 所示，內部稽核主管向高階主管和董事會之報告與溝通須包含稽核規程、內部稽核單位的獨立性、稽核計畫和進度等 7 項資訊，具體如下：

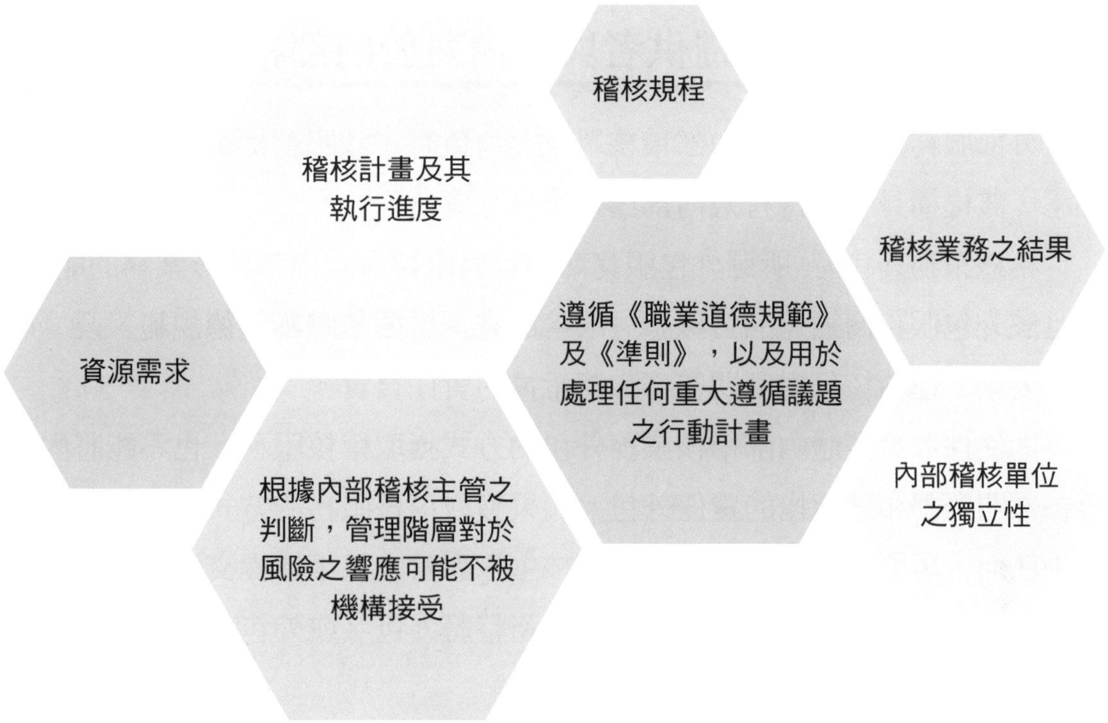

稽核規程

稽核計畫及其
執行進度

稽核業務之結果

資源需求

遵循《職業道德規範》
及《準則》，以及用於
處理任何重大遵循議題
之行動計畫

根據內部稽核主管之
判斷，管理階層對於
風險之響應可能不被
機構接受

內部稽核單位
之獨立性

▲圖 6-3　稽核報告及溝通資訊

案 例　6-4

　　美國安隆公司 (Enron Corp.) 曾被《財富》雜誌評選為美國最具創新精神的公司。在 2001 年破產前，安隆是世界上最大的電力、天然氣及電訊公司之一。因財務造假，安隆在幾周時間內破產。

　　安達信公司在 1990 年代開始為安隆提供內部稽核、內部控制和諮詢服務。據資料揭露，在安隆事件爆發前，安達信的內部備忘錄顯示部分高層於 2001 年 2 月開始對安隆的會計程式表示擔心，這表明安達信的高層也許早就知道安隆存在的財務問題。但其作為安隆的內部稽核單位，並未向董事會進行及時揭露，甚至在安隆財務醜聞爆發後，安達信在兩個星期內銷毀了數千頁的安隆檔案。

6.2.7 外部服務提供者與機構對於內部稽核之責任

外部服務提供者扮演內部稽核單位之角色時，該服務提供者須讓該機構知悉，該機構具有維持有效內部稽核業務之責任。

稽核業務外包時，所選外包服務商須具備維持有效內部稽核業務的能力，並且該外包服務商通過品質保證與改善計畫，遵循《職業道德規範》及《準則》要求。但稽核仍對部門監督和應承擔的責任負責。

即使採取將整體內部稽核業務外包的方式獲取稽核服務，也不能將內部稽核部門監督和應承擔的責任外包。如果獲取稽核服務的方式或者資源的來源中任何一項即將發生重大變化，稽核主管應當向董事會提交關於此項建議的書面評估意見。任何關於內部稽核業務整體外包（或外包其重要部分）的建議，都應當經過董事會審批。

案 例 ▶ 6–5

董事會設在臺灣的洪良國際於 1993 年創立，生產基地在中國，而註冊地在離岸金融中心開曼群島，公司主要生產綜合化纖類針織布料，為李寧、安踏、迪卡儂及美津濃等運動品牌供應商。由於公開說明書涉嫌存在重大的虛假或誤導性資料、嚴重誇大財務狀況，上市僅三個多月的洪良國際控股有限公司被香港證券

及期貨事務監察委員會勒令停牌。為達上市目的，洪良國際大肆進行財務粉飾，通過大幅虛構收入和利潤，打造出高成長和高獲利能力的假象，並且因承銷商機構的未能察覺而順利實現IPO。

從洪良國際 IPO 財務造假以及承銷商兆豐證券

外部失查案例來看，因兆豐證券對洪良國際財務造假也負有重大稽核缺失之責任，作為外部稽核服務提供者，未能有效履行內部稽核之責任，同時也並不具備維持有效內部稽核業務的能力及良好的職業道德規範，致使內部監管不力、外部稽核服務稽查不嚴，無法保證公司內部稽核有效履行 IPPF。也導致洪良國際為達上市目的不擇手段，進行 IPO 財務造假，內部控制失效。

6.3　本章小結

　　內部稽核單位的管理須遵循《準則》與《職業道德規範》，依據公司策略、營運目標及風險，制訂年度計畫，並與高階主管與董事會溝通，確保資源適當、充分並得到有效配置，依政策和程序為指導，並與內外部利害關係人協調溝通，定期向高階主管與董事會報告。

6 觀念自我評量

( ) 1.內部稽核主管須有效管理內部稽核單位，以確保對機構產生價值。請問下列何種情況不是內部稽核單位管理的專案？

A. 內部稽核單位達到一般公認審計準則所含之目的及責任

B. 內部稽核單位遵循國際內部稽核准則

C. 內部稽核單位個別成員遵守《職業道德規範》及遵循《準則》

D. 內部稽核單位考慮可能影響機構之趨勢及新興議題

( ) 2.如果面臨強加的稽核範圍受限時，內部稽核主管應該？

A. 推遲該稽核業務，直至該限制消除為止

B. 向董事會和高階主管報告該範圍限制所造成的潛在影響

C. 增加對可疑活動進行稽核的頻率

D. 為該業務分派更多有經驗的稽核人員

( ) 3.內部稽核人員發現即使是經過相關方同意，糾正行動有時仍未得到執行，那麼內部稽核人員應該？

A. 決定必要的跟蹤檢查的範圍

B. 請管理層決定何時進行跟蹤檢查，因為這是管理層的最終責任

C. 只有當管理層要求內部稽核人員協助時，才決定進行跟蹤檢查

D. 將所有的稽核發現和它們對經營活動的重要性寫成一份跟蹤檢查報告

( ) 4.內部稽核主管須定期向高階主管和董事會提出報告。對於報告事項與頻率，請問下列何者正確？

A. 晨昏定省的報告

B. 至少每季需報告一次

C. 報告之頻率及內容取決於所欲溝通資訊之重要性

D. 報告之頻率及內容取決於主管機關突擊檢查的頻率

(　　) 5. 稽核業務外包時，所選外包服務商須遵循的專案應包括下列哪個項目？

　　　 A. 具備維持有效內部稽核業務的能力

　　　 B. 該外包服務商通過品質保證與改善計畫

　　　 C. 遵循《職業道德規範》及《準則》要求

　　　 D. 以上皆是

1. 答案｜A

理由｜內部稽核單位符合下列情況時，其管理係屬有效：

內部稽核單位達到內部稽核規程所含之目的及責任。

內部稽核單位遵循《準則》。

內部稽核單位個別成員遵守《職業道德規範》及《準則》。

內部稽核單位考慮可能影響機構之趨勢及新興議題。

選項 A 所提出的一般公認審計準則，不是內部稽核准則。（作業準則 2000）

2. 答案｜B

理由｜內部稽核主管必須就資源受限制的影響與高階主管及董事會進行溝通。（作業準則 2020）

3. 答案｜A

理由｜A. 正確。稽核主管應建立後續程式，以監督、保證管理措施得到有效落實。因此在糾正行動沒有得到執行的情況下，內部稽核人員應該開展跟蹤活動。

B. 不正確。如何進行跟蹤活動是內部稽核部門而非管理層的責任。

C. 不正確。跟蹤活動不是只有在管理層的要求下才能進行，而是由稽核主管決定的。

D. 不正確。必須先開展跟蹤活動，才能編寫跟蹤活動報告。（作業準則 2050）

4. 答案｜C

理由｜內部稽核主管報告頻率與內容之決定，係由內部稽核主管、高階主管及董事會共同決定。報告之頻率及內容，取決於所欲溝通資訊之重要性以及高階主管和／或董事會所應採取相關行動之急迫性。（作業準則 2060）

5. 答案｜D

理由｜稽核業務外包時，所選外包服務商須具備維持有效內部稽核業務的能力，並且該外包服務商通過品質保證與改善計畫，遵循《職業道德規範》及《準則》要求。（作業準則 2070）

第七章

《準則》2100 認識稽核工作性質

2100　Nature of Work

The internal audit activity must evaluate and contribute to the improvement of the organization's governance, risk management, and control processes using a systematic, disciplined, and risk-based approach. Internal audit credibility and value are enhanced when auditors are proactive and their evaluations offer new insights and consider future impact.

2100　工作性質

內部稽核單位須以有系統、有紀律及以風險為基礎之方法，評估及協助改善機構之治理、風險管理及控制過程。當稽核人員主動且其評估可提供新見解及考量未來影響時，內部稽核之可信度及價值獲得提升。

7.1　工作性質

　　根據《準則》規定，內部稽核單位須以有系統、有紀律及以風險為基礎之方法，評估及協助改善機構之治理、風險管理及控制過程。當稽核人員評估可提供新見解及考量未來影響時，內部稽核之可信度及價值獲得提升。內部稽核單位須評估機構之治理過程，並提出適當之改善建議，如圖 7-1 所示。

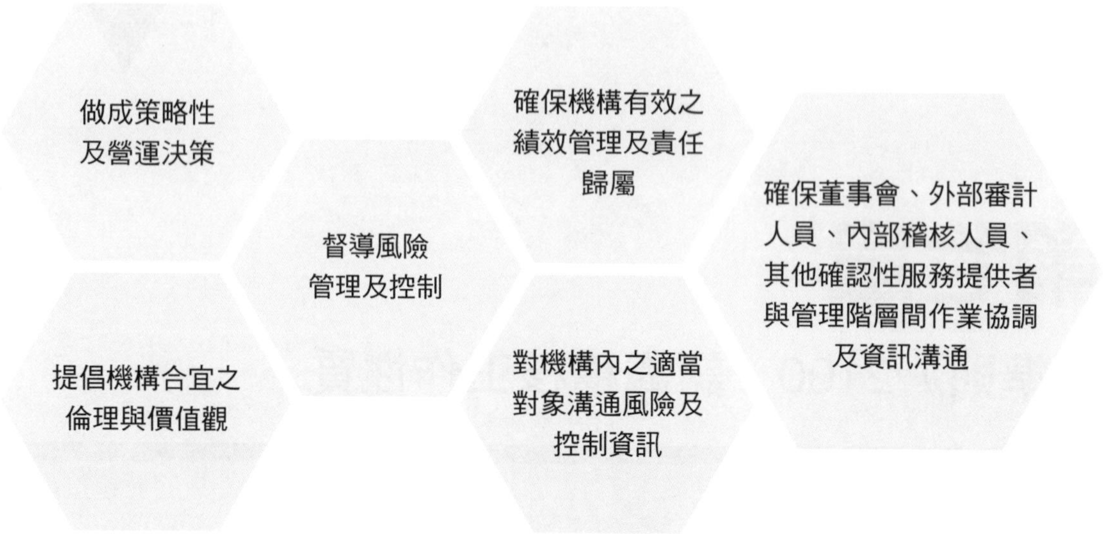

▲圖 7-1 改善建議項目

內部稽核單位須對與機構倫理有關之目的、計畫及活動，評估其設計、執行及成效；須評估機構之資訊科技治理是否支持機構之策略及目標；須評估風險管理過程之有效性，並對其改善做出貢獻；須評估各項控制之效果及效率，並促進控制之持續執行與改善，以協助機構維持有效之內部控制制度。

7.2　解　析

7.2.1　內部稽核單位必須評估治理過程

由於現代大型公司的企業股權結構分散、所有權與經營權分離等特徵，可能會導致大股東和小股東之間存在利益衝突，股東和管理階層之間存在利益衝突，由此而產生了公司治理問題。公司治理實質上是一種制衡機制，公司為了實現策略目標，而設計、實施的組織專業架構和一系列制度、流程規範的組合。內部稽核屬於公司治理中不可或缺的一部分，通過定期評估公司內部治理機制的有效性，依據風險評估結果提供應對策略，以提升公司治理水準，可以說公司治理與內部稽核是密不可分的。

案例 7-1

　　臺灣知名科技大廠因內部控制缺失，爆發重大舞弊案。該公司採購部職員未遵循採購程序，不法獲利超過 8,000 萬新臺幣。藉由職務之便，採購部兩位員工先撤換供應商，再針對特定零組件採購案與廠商勾結，藉由低價買入再以高價賣給公司的手法，或直接跳過詢比議價程序，達到中飽私囊之目的。

　　本案件由內部員工察覺，向公司舉報後，透過內部稽核的介入調查，才讓整起事件曝光。該公司主動向警方報案後，兩位採購員工以詐欺、背信罪被移送法辦。分析上述舞弊案，內部稽核部門於接獲員工舉報後，主動介入調查，並釐清真相，有效避免公司的虧損持續擴大。

　　可惜的是，內部稽核部門未能在事前協助公司建置完善的內部控制制度，導致採購部跳過採購程序，未能符合《準則》2130 的控制精神：「內部稽核單位須評估各項控制之效果及效率，並促進控制之持續改善，以協助機構維持有效之控制」

案例 7-2

　　2019 年 4 月，中國上市公司康美藥業公告的 2018 年度內部控制審計報告及 2018 年度審計報告分別經外部審計機構出具否定意見及保留意見；與此同時，康美藥業還出具了一份前期會計錯誤更正說明的公告，顯示康美藥業 2017 年底財務報告存在貨幣資金多計 299 億人民幣等一系列會計錯誤。從證監會後續調查結果來看，康美藥業實則在 2016 至 2018 年度報告中，均存在虛假記載及重大遺漏；其中，康美藥業在未經決策審批或授權的情況下，累計向控股股東及其關聯方提供非經營性資金 116 億人民幣。證監會對該事件主要決策及實施者，包括董事長（兼任總經理）、副董事長（兼任副總經理）、董事會祕書（兼任副總經理）處以終身證券市

場禁入措施，且不得再在上市公司及非上市公開發行公司擔任董監事職務。

另一方面，在公司層面，康美藥業除了被處以 60 萬人民幣行政罰款，股價更是跌破每股淨資產價，債券評級從 AA+ 一路下調至 C。從 2019 年三季度報告來看，康美藥業銀行借款及債券總計 333 億人民幣，2019 年三季度利息費用達 17 億人民幣，而 2019 年三季度經營活動產生的現金淨流量僅為 33 億人民幣，康美藥業不僅面臨下市風險，更是深陷極高的債務風險。

從上述事件來看，康美藥業的公司治理機制及內部稽核職能兩者雙重失效；控股股東未經股東大會決議，私自進行關聯資金占用，嚴重損害小股東及其他投資人利益。康美藥業審計委員會亦於 2018 年度報告中，承認未能及時發現公司內部控制所存在的重大缺陷。公司稽核職能的缺失如同深埋在公司治理機制中的地雷，任何一次舞弊事件或其他重大差錯都可能成為地雷引爆的導火線，最終引發蝴蝶效應。

7.2.2　內部稽核必須評估風險管理的有效性

全面風險管理是為了確保企業實現策略目標而對相關風險進行識別、評估、應對和監督的過程，需要由企業全員參與；同時又具備專業性的特徵，需要由專業人才提供專業的幫助。在企業風險管理過程中，董事會與高階主管應確定公司整體的風險偏好及風險承受度，以此確定董事會與高階主管對風險管理的基調，並對風險管理的結果承擔主要責任。內部稽核人員在風險管理過程中，作為諮詢顧問的角色，一方面為董事會及高階主管提供技術支援，一方面對風險管理效果進行評估及客觀確認。

案 例 7–3

隨著現代互聯網技術的發展，新概念「共享經濟」開始崛起。例如，共用單車公司 OFO 於 2014 年應運而生，其憑藉創始團隊成員以及新興的商業模式，陸續獲得各方的青睞。OFO 的共用單車平臺於 2015 年 6 月正式上線營運，此後短短一年多時間，小黃車迅速遍布在中國城市間的各個角落，活躍用戶超過 1,600 萬人，市場占有率一度攀升至 51.9%。然而，進入 2018 年之後，OFO 開始出現

經營危機。一方面，多家供應商起訴其拖欠貨款；另一方面，又有用戶爆出退押異常，種種負面消息導致 OFO 陷入信用危機，最終引發超過 1,000 萬個用戶集中擠兌押金，即使按照早期最低押金 99 人民幣估算，擠兌押金總額亦在 10 億人民幣以上，OFO 當然已經無法支付上述押金款項。

OFO 就像一顆流星，迅速升起又迅速隕落，總結其失敗的主要原因，即管理團隊缺乏與其急速擴張的規模相匹配的風險管理與內部控制能力。OFO 為了迅速搶占市場，一味地擴張單車投放量，卻未對隨之而來的營運、維護相關風險進行有效地評估及應對管理，造成小黃車閒置、損壞或遺失，嚴重影響了單車投放效益。在資金管控方面，OFO 隨意挪用使用者押金的情況，亦未設置風險準備金以應對批量退押的情形，使得中國 OFO 變成購物 APP。

7.2.3　內部稽核評估內部控制有效性

內部控制是指為管理風險，實現內部控制目標，而實施的各項政策和程序，以不同的類型進行劃分，包括人工控制和系統控制、預防性控制和檢查性控制；採取的具體方式，則包括授權審批、不相容職責分離、預算管理、會計記錄、營運分析、績效考核和財產保護等。內部稽核人員需要在內部控制的設計適當性和執行有效性兩個層面，進行定期評估；評估標準則是檢視這些內部控制是否促進實現企業三大內部控制目標：即合理確保達成企業營運效率和效果、報導可靠性、法令規定遵循。

案例 7-4

1995 年，臺灣發生一宗大型經濟犯罪案，即國票案。臺灣債票券主要交易商之一的國際票券金融公司（以下簡稱「國票」）因企業內部稽核管控機制存在重大缺失，自 1994 年 9 月起，便遭年僅 29 歲的基層業務員楊瑞仁利用職務之便盜用商業本票，趁機陸續盜蓋主管印鑑以及公司的保證章；接著，再根據公司同事及自己客戶的交易狀況，偽刻客戶的公司章，在有關客戶完成一筆發行本票交易後，立刻跟著做成一筆形式內容完全相同的假交易，利用公司的交易電腦做出成交單。同時，在電腦中刪除偽造的成交單，獲取本該報廢的真實交易單前往臺銀辦理交割。楊瑞仁利用人頭戶先與國票進行債券或票券的附條件交易，待附條件交易完成後，人頭戶隔兩天馬上與國票提前解約；由於附條件交易客戶提前解約屬常有的現象，進而冒取超過 100 億新臺幣的現金炒作股票。

以上案例雖屬員工舞弊案，但國票內部稽核人員是否也應定期評估內部控制活動設計是否恰當？內部控制活動執行是否有效？例如，定期檢核不相容崗位是否得到有效分離，印信及重要資產是否得到恰當保管，資訊系統運行是否安全。稽核人員也該對公司附條件交易客戶提前解約的頻率（兩至三天即解約）、金額、內容等進行分析，以辨識風險因素。

案例 7-5

2013 年 8 月 16 日，光大證券發生了著名的「烏龍指」事件，其投資策略部一位交易員因發現套利策略系統中有 24 個股申報不成功，於是打算使用系統重下功能，該功能此前尚未被實盤操作，於是由程式師在一旁指導操作，結果操作依然出現了失誤，導致出現金額高達 234 億人民幣的錯誤訂單，成交金額為 72 億人民幣，該筆巨額訂單導致上證指數漲幅達到了 5.96%。當時，廣大業界人士及股民還在為 A 股的突然暴漲而迷惑，而光大證券為了挽回損失，則立即進行了一系列「自救」行動，其在 ETF 及股指期貨市場分別進行了賣空的套利操作，繼而於當天下午，針對自己的失誤操作導致 A 股暴漲發布公告說明。此後，在證券會的調查結果中，光大證券因被認定為價格操縱和內幕交易而導致罰款 5 億人民幣。

由此看來，光大證券內部稽核人員顯然未就上述系統控制適當性作出評估。整個「烏龍指」事件的源頭，就是光大證券的系統控制失效，包括交易金額設置

上限管控和風險監控系統，以致於該系統處於監控真空狀態。基於上述內部控制缺失，致使光大證券的套利策略系統存在極大的風險敞口，整個「烏龍指」事件看似意料之外，實則是在情理之中。

7.3 本章小結

綜上所述，內部稽核在完善公司治理機制方面發揮多重作用，對風險管理體系和內部控制體系之設計與執行的有效性，進行專業評估；同時，亦在公司整個動態管理過程中，對風險管理和內部控制執行評估，提供獨立、客觀的評估，並提供改善建議，以致力於機構目標的實現。

7 觀念自我評量

( ) 1. 內部稽核人員主動提供新見解及考量未來影響時，請問有什麼好處？

    A. 內部稽核之可信度及價值獲得提升

    B. 內部控制有效性提高

    C. 公司治理層級提高

    D. 公司評鑑結果良好

( ) 2. 內部稽核單位需評估機構之治理過程，並提出適當之改善建議，包括以下哪個項目？

    A. 做成策略性及營運決策

    B. 督導風險管理及控制

    C. 提倡機構合宜之倫理與價值觀

    D. 以上皆是

( ) 3. 內部稽核單位須評估與機構之治理、營運及資訊系統有關之風險，請問不包括下列哪一項？

    A. 機構策略目標之達成

    B. 財務及營運資訊之可靠性及完整性

    C. 營運及計畫之效果及效率

    D. 負責風險管理規劃

( ) 4. 內部稽核人員在風險管理過程中，作為諮詢顧問的角色，應該承擔以下哪個職責？

    A. 為董事會及高階主管提供技術支援

    B. 對風險管理效果進行評估

    C. 對風險管理效果進行客觀確認

    D. 以上皆是

（　　）5.內部稽核單位須評估下列風險控制措施之適足性與有效性，請問不包括下列哪一項？

A. 機構策略目標之達成

B. 財務及營運資訊之絕對正確性及完整性

C. 營運及計畫之效果及效率

D. 法令、政策、程式及契約之遵循

1. 答案｜A
   理由｜內部稽核人員主動且其評估可提供新見解及考量未來影響時，內部稽核之可信度及價值
   獲得提升。（作業準則 2100）

2. 答案｜D
   理由｜內部稽核單位需評估機構之治理過程，並提出適當之改善建議，包括做成策略性及營運
   決策、督導風險管理及控制、提倡機構合宜之倫理與價值觀、確保機構有效之績效管理
   及責任歸屬、對機構內之適當對象溝通風險及控制資訊、確保董事會／外部稽核人員／
   內部稽核人員／其他確認性服務提供者與管理階層間作業協調及資訊溝通。（作業準則
   2110）

3. 答案｜D
   理由｜內部稽核單位須評估下列與機構之治理、營運及資訊系統有關之風險：機構策略目標之
   達成；財務及營運資訊之可靠性及完整性；營運及計畫之效果及效率；資產之保全；法
   令、政策、程式及契約之遵循。內部稽核單位不能負責風險管理規劃。（作業準則 2120）

4. 答案｜D
   理由｜內部稽核人員在風險管理過程中，作為諮詢顧問的角色，一方面為董事會及高階主管提
   供技術支援，一方面對風險管理效果進行評價及客觀確認。（作業準則 2120）

5. 答案｜B
   理由｜內部稽核單位須評估下列風險控制措施之適足性與有效性：機構策略目標之達成；財務
   及營運資訊之可靠性及完整性；營運及計畫之效果及效率；資產之保全；法令、政策、
   程式及契約之遵循。（作業準則 2130）

第八章

《準則》2200　研擬專案規劃

2200　Engagement Planning

Internal auditors must develop and document a plan for each engagement, including the engagement's objectives, scope, timing, and resource allocations. The plan must consider the organization's strategies, objectives, and risks relevant to the engagement.

2200　專案之規劃

內部稽核人員須就每項專案擬訂書面計畫,其內容應包含該專案之目的、範圍、時程及資源配置。該項計畫須考量與該專案攸關之機構策略、目標及風險。

8.1　專案之規劃

　　根據《準則》規定,內部稽核人員開展每項業務都必須制訂書面計畫,其內容包括稽核目標、稽核範圍、時間安排以及資源配置等。

8.2 解　析

8.2.1 制訂計畫時應考慮的因素

內部稽核人員應瞭解被稽核部門的策略、目標、風險，評估其風險管理、內部控制的適當性和有效性，同時須思考重大改善的機會。

從編制稽核工作方案開始，就要考慮預算、後勤以及最終稽核結果的報告形式；編制業務計畫時，需在遵循內部稽核部門政策和程序的前提下，完成年度稽核計畫中已確定的目的和目標。

首先可以通過對受查單位進行初步的業務調查，以瞭解被稽核領域的宗旨、願景、策略目標、風險偏好、控制環境、治理結構、風險管理過程，從而才能評估其風險管理和內部控制之有效性。

在初步調查過程中，可以通過與受查單位高層溝通，或查看其策略目標、策略檔案和會議記錄，或通過查看其組織專業架構、職責、KPI 指標、營運程序等資訊，瞭解和評估受查單位的風險，將更有效的擬定和編訂稽核計畫。

另外，編制稽核計畫時，還需考量稽核業務本身的目標、範圍和資源；明確稽核目標才能確定後續稽核測試和檢核的業務範圍，編制行動計畫和分配資源；內部稽核資源包含稽核組織整體是否有充足的稽核技能和知識完成稽核任務。

編制稽核計畫最重要的一項為，需要考慮該項稽核業務的增值機會，即通過職業判斷、經驗來思考為受查

單位或業務提供重大改善的機會。

　　最後，編制稽核計畫應當留存充分的佐證檔案，並納入工作底稿；包括書面文件和電子檔案，涵蓋制訂過程所考慮到的範圍、記錄、底稿和已核准檔案等。

案 例 ▷ 8-1

　　京東方科技集團股份有限公司（BOE 公司）是一家為資訊交互和人類健康，以及提供智慧型網管交換器和專業服務的物聯網公司，核心事業包括網管交換器、智慧物聯網、智慧醫療。

　　BOE 公司所處行業原料的自給率較低，長期依賴於進口，銷售也依賴於出口。其面臨的風險包含行業原材料價格波動風險，還面臨較大的關稅風險；此外，原料進口國、銷售出口國的關稅政策變動，也會對該公司生產和銷售產生重大影響。該公司合約簽訂當中，對於稅賦的規定較模糊，未明確責罰，對於宏觀政策的變動應對機制也不足。

　　該公司開展 2016 年稽核專案時，內部稽核人員未能辨識以上風險，在當年的稽核報告中並沒有對關稅政策變動的潛在風險進行說明。2017 年 3 月底突然爆發中美貿易戰，美國對中國 500 億美元商品徵收關稅，導致該公司當年簽訂的合約處於較大波動，可能直接帶來的經濟損失達上億美元。

　　從以上案例中可以分析出，BOE 公司稽核團隊在稽核計畫階段，風險辨識不足，稽核計畫和方案都在未執行充分事前調查之前擬定，稽核團隊在擬定稽核計畫時未強化對受查單位的事前調查工作，沒有深入充分收集受查部門業務的相關資料，未能辨識出部分關鍵風險。

8.2.2　確認稽核計畫的稽核目標

我們須將確定稽核目標作為編製稽核計畫的一部分，只有確定稽核目標才能明確後續的核對總和測試範圍、預估和確定適用的稽核資源，並擬定合適的稽核程式。

確定稽核目標時，應包含希望達到的具體事項、稽核的範圍；所確定的稽核目標需要清晰、簡明、符合年度稽核計畫，且與制訂稽核計畫時的風險評估有關聯。確定稽核目標時，可以參考 IPPF，以及《COSO 內部控制整合架構》或者《ISO 31000 標準》。

通過瞭解稽核物件的策略、目標、願景，將有助於我們更加明確稽核業務目標；通過與被稽核單位管理層訪談與溝通，瞭解他們業務開展的原因及組織希望實現的目標，有助於確定稽核業務目標；另外，確定稽核業務目標時需要充分考量被稽核部門相關的風險，以風險為導向確定業務目標。

內部稽核人員需留存充分的佐證檔案，表明確定稽核目標、政策和程序的遵循性，這些檔案包含擬定計畫的備忘錄、經批准的稽核工作方案、溝通的會議記錄／交流筆記等，以證明稽核目標的形成過程。

案　例　8–2

上海大智慧股份有限公司（以下簡稱「大智慧」）於 2011 年上市，上市後 2011 至 2012 年連續兩年經營虧損；在 2013 年度前三季度均虧損情形下，透過第四季度造假財務資料，將 2013 年經營結果轉虧為盈。財務資料舞弊情況涉及

項目，包括提前確認銷售收入 8,745 萬人民幣、以打新股等行銷手段錯誤確認銷售收入 287 萬人民幣、虛構專業架構協議虛增銷售收入 285 萬人民幣、錯誤確認未履行的合約收入 2,000 萬人民幣、延遲確認費用降低成本 3,396 萬人民幣等，共計虛增收入達 10,863 萬人民幣、虛增利潤 12,959 萬人民幣。

　　大智慧設有內部稽核部門，並獨立向審計委員會報告。雖然以上財務造假的因素有很多，而相應的內部稽核單位未發揮其監督功效。以上造假手段大多並不高明和複雜，但大智慧的內部稽核單位卻未發現絲毫的跡象，2013 年度並未向大智慧審計委員會報告企業存在重大風險事項，大智慧在對外公布的內部控制報告中表明「2013 年度內部稽核未發現重大或者重要缺陷」。

　　外部審計單位的審計亦失敗，針對舞弊涉及的業務事項金額較高，對財務報告的重要性水準高的業務，直接改變經營成果性質；但內部稽核與外部審計單位均未引起足夠的關注，並執行充足的測試和檢驗，導致均未發現以上舞弊事件；直至 2017 年，外部監管單位（證監會）才調查出舞弊狀況。

　　確認稽核目標，方有利於確定稽核程式和測試範圍，以及相應需要使用的資源；從上面案例中可推斷出大智慧內部稽核單位的稽核目標不明確，可能未將財務報告真實性納入稽核範圍，未投入必要的稽核程式和投入相應的稽核資源。

8.2.3　確定稽核範圍足以實現稽核目標

　　擬定稽核計畫階段，一項重要的內容就是需要確定稽核範圍，亦即哪些業務領域和流程需要納入當次稽核範圍內，哪些不需要包含在內。確定這些稽核範圍覆蓋足夠，能夠充分實現當期規劃好的稽核目標，且覆核年度稽核計畫。

　　在確定稽核範圍時，需要充分考慮當期擬定稽核計畫時所辨識和確認的風險，同時需要利用內部稽核人員的經驗和專業知識進行判斷以確認稽核範圍。

　　在確認稽核範圍過程中，我們可能會受到稽核部門或者其他方面因素的限制，導致本應納入稽核範圍的領域或者流程於當期無法執行查核和測驗，針對該限制則需要在最終的稽核報告進行說明和報告。

在擬定稽核計畫階段，相關證明遵循性的檔案需要充分的說明稽核範圍是如何確定的，這些檔案可以包含但不限於管理階層批准的稽核工作方案、稽核範圍說明書、計畫備忘錄、稽核申明書、討論會議記錄等記錄編訂稽核計畫過程的檔案等。

案 例 8–3

阿城繼電器股份有限公司（以下簡稱「阿城繼電」）始建於 1946 年，是中國第一家製造繼電保護產品的企業，也是中國繼電保護與電力自動化設備製造行業中最大企業之一。公司股票於 1999 年在中國深圳股票交易所上市。

阿城繼電（股票名稱「佳電股份」）在 2015、2016 年連續兩年虧損，其 2016 年年報財務資料出現了 27 處錯誤和不實，實際上該公司 2013 至 2015 年的年報均發現有舞弊行為。2013 年透過少結轉成本共計 12,740 萬人民幣，少入帳費用 3,025 萬人民幣；2014 年持續使用相同的方式少結轉成本和少入帳費用共計 8,094 萬人民幣。因前期的影響在 2015 年做了調整，導致 2015 年透過大幅提價準備調整盈餘；且主要調整存貨跌價準備，則有兩次操縱盈餘的機會。

以上財務造假長期存在且未被及時發現的原因，主要是該公司內部控制的不完善，以及內部稽核單位未發揮監督的功效；另一方面，阿城繼電的內部稽核單位獨立性不足，也是影響稽核範圍的一項重要因素。該公司的內部稽核主管直接向總經理負責，而非向審計委員會報告，同時內部稽核部門也未將財務報表和資料的真實性納入稽核範圍，未能及時發現和適時提醒董事會該風險的存在。總體而言，內部稽核部門應當積極承擔起檢查和評估內部控制運作有效性的責任。

8.2.4　稽核資源配置要適當與充足

在擬定稽核計畫時，需要充分考量完成稽核任務所需要的人力、知識、時間等相關資源，是否具有充分和適當的資源知識，及完成一項稽核任務所必要的資源組合。需要充分考量每項稽核任務的性質、複雜程度來分配稽核資源和規劃稽核時間，確保完成稽核目標。

分配稽核資源時，要充分考慮每位內部稽核人員所具備的專業技能，包

含財務、資訊、資產管理等，確保一個團隊內部稽核人員組合的知識、技能、經驗足夠完成稽核任務，達到稽核目標。若某些稽核專案需要的技能無法在內部得到滿足，則稽核主管可以從外部尋求資源，如邀請審計專家、顧問加入稽核專案團隊，但仍需要稽核主管執行充分的監督。

分配稽核資源過程中，需要遵循《準則》，保留遵循性佐證檔案，包括但不限於經核准的稽核計畫方案、會議備忘錄或其他支持性檔案。

案　例　8-4

安徽皖江物流（集團）股份有限公司（以下簡稱「皖江物流」），前稱蕪湖港儲運股份有限公司，於 2000 年 11 月 29 日核准設立，主營業務包括煤炭、鋼材貿易、外貿集裝箱、貨物裝卸、倉儲、中轉服務，2003 年 3 月經中國證監會核准上市，公開發行股票 4,500 萬股。

在 2012 至 2013 年度，皖江物流發生了嚴重的財務造假，共計虛增利潤 4.85 億人民幣，在 2014 年無法進行填補的情況下，當年度公司虧損達 27.48 億人民幣。

舞弊行為主要發生在其子公司淮礦物流，其通過虛構循環交易虛增收入和存貨，虛構與多家相互關聯的公司的採購交易金額達 85.24 億人民幣。該公司將投資活動偽造成經營活動從而增加經營活動產生現金淨流量，透過簽訂陰陽合約的方式，將庫存商品（螺紋鋼）按照高於實際結算價格 2.39 億人民幣的金額出售，虛增銷售收入和利潤 2.04 億人民幣。2012 至 2013 年得到的銀行承兌匯票貼現、向銀行支付的利息費用未按規定計入財務費用，導致虛增利潤近 3,366 萬人民幣。皖江物流因大量應收帳款收不回來，為降低因計提壞帳準備對利潤造成影響，便在兩年期間未記應收帳款而計入應收票據，金額共 45.23 億人民幣，導致虛增利潤超過 2.53 億人民幣。另外，皖江物流還存在未揭露擔保事項涉及金額 13.05 億人民幣，該部分擔保均屬於子公司行為且未上報至母公司。

皖江物流的財務舞弊事件主要與子公司淮礦物流有關，舞弊手段包括偽造合約、虛增收入、違規調整會計項目、違反資訊揭露等；子公司高階主管阻斷以上資訊向母公司傳遞。母公司的監督管理力度未能有效發揮，亦即，母公司未盡職

對子公司的經營管理進行審查，未能及時發現如此重大的舞弊行為。該案件中，若需要有效完成對子公司的監督，需要內部稽核人員具備豐富的財務會計、經營管理、營運分析、金融產品等相關知識，方能有效辨識對應的風險並及時提醒母公司管理階層關注。

8.2.5　實現稽核目標

在編製稽核工作方案時，需要全面考慮已確定的稽核目標和範圍，所編製的方案須確保能達到稽核目標，且要覆蓋受查對象或流程的關鍵風險所對應的內部控制措施。

稽核工作方案應包含實施稽核過程中的資源配置，如人力、時間分配；還包含實施稽核時所要使用的測驗方法和技術。

良好的工作方案，有助於按時有效完成稽核任務、達成稽核目標。稽核方案的格式可以根據不同組織和任務進行調整，可以是標準範本、可以是檢查清單、也可以利用風險控制矩陣進行編製，且方案需要在成員內被充分知悉。

最後編製稽核方案的過程，資料需要完整保留，以證明對標準的遵循性，該資料可以是經批准的工作方案或其他檔案記錄。

案　例　8–5

沈機集團昆明機床股份有限公司（以下簡稱「昆明機床」）是一家國有企業，於 1939 年成立，主要業務是臥式銑鏜床、刨臺臥式銑鏜床、落地銑鏜床、龍門銑鏜床、座標鏜床、臥式加工中心、機床功能部件等產品的製造及銷售。

2018 年 2 月 5 日中國證監會下發行政處罰揭露昆明機床，於 2013 至 2015 年期間存在虛增利潤等財務造假行為，三年共虛增收入 4.8 億人民幣、少計存貨 5.05 億人民幣、少計費用 0.29 億人民幣、多計成本 2.35 億人民幣、虛增利潤 2.28 億人民幣。其虛

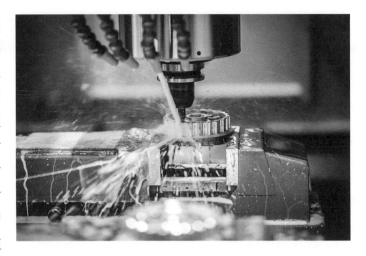

增的利潤導致 2013 年的經營成果性質發生變化，因轉虧為盈讓 2014 至 2015 年度的虧損額度降低，最終該公司於 2018 年 7 月 13 日被終止上市。該公司財務舞弊手段主要有三種，一是跨期確認收入，其產品實際發貨運輸的時間點與帳面確認收入的時間點不一致，在未完成發貨即確認收入，三年涉及 222 筆共 2.58 億人民幣；虛設交易方式虛增收入 2.22 億人民幣，通過與部分客戶以及經銷商勾結，簽訂虛假合約，售出的產品拆解後虛構協力廠商交易進行採購；二是少計提費用、福利和薪酬 0.4 億人民幣；三是虛增成本與虛減存貨 7.41 億人民幣。

　　以上舞弊行為發生原因之一是該公司內部控制有缺陷，財務部門與業務部門缺乏溝通，且無後續覆核的內部控制，同時還有監管機制未有效發揮的問題。該公司已設立審計委員會，下設稽核部門。在內部稽核部門獨立前提下，若將以上交易行為納入內部稽核範圍，並實施完整的稽核程式，把發現的異常和風險及時報告至董事會和股東大會，將有可能避免如此嚴重舞弊行為的持續發生，改變被摘牌下市的結果。

8.3　本章小結

　　綜上所述，制訂完善的年度稽核計畫，應充分考量稽核業務所要達到的稽核目標，完成稽核目標必須檢核和測驗的稽核範圍，同時基於目標和範圍提供適當的資源。最後，基於以上因素並通過初步調查擬定完善的工作方案，方能提高稽核品質，完成年度稽核計畫和目標，增加內部稽核的價值。

8 觀念自我評量

( ) 1. 內部稽核人員須就每項專案擬訂書面計畫，其內容應包含哪個項目？

A. 專案之目的、範圍、時程

B. 專案之及資源配置

C. 該項計畫須考量與該專案攸關之機構策略、目標及風險

D. 以上皆是

( ) 2. 針對稽核專案的執行，稽核主管須先與高階主管或董事會確認建立適當標準，以決定專案目的及目標達成之情形。如果沒有達成共識，請問要如何處理？

A. 內部稽核人員須與管理階層及／或董事會討論，以辨識適當之評估標準

B. 依據稽核準則執行

C. 按照公司章程處理

D. 依循往例處理

( ) 3. 內部稽核人員須決定達成專案目的所需之適當及充分之資源。人員之指派不應考慮下列哪一個項目？

A. 專案性質與複雜度

B. 時間限制

C. 可用資源之評估

D. 具有爭議的項目

( ) 4. 內部稽核確認專案的範圍應包括以下哪一項內容的考慮？

A. 僅考慮在專案客戶控制下的那些系統和記錄

B. 在協力廠商控制下的相關的實物資產

C. 業務目標、結論和建議

D. 最終的業務溝通

(　) 5. 專案工作方案的內容應包含下列何者？

A. 說明專案目標及配置計畫

B. 標出待檢查業務的技術要求、目標、風險、過程和交易

C. 載明內部稽核人員在開展專案時的程式，以及說明所需測試的性質和範圍

D. 以上皆是

1.答案 | D

理由 | 內部稽核人員須就每項專案擬訂書面計畫,其內容應包含該專案之目的、範圍、時程及資源配置。該項計畫須考量與該專案攸關之機構策略、目標及風險。(作業準則 2200)

2.答案 | A

理由 | 稽核人員須確認管理階層或董事會已建立適當標準,以決定目的及目標達成之情形。若標準適當,內部稽核人員須使用該標準進行評估;若不適當,內部稽核人員須與管理階層及/或董事會討論,以辨識適當之評估標準。(作業準則 2210)

3.答案 | D

理由 | 內部稽核人員須決定達成專案目的所需之適當及充分之資源。人員之指派應基於對專案性質與複雜度、時間限制及可用資源之評估。(作業準則 2230)

4.答案 | B

理由 | 專案的範圍應考慮到相關的系統、記錄、人員及包括協力廠商控制的實物資產。(作業準則 2210)

5.答案 | D

理由 | 內部稽核人員必須制訂用以實現專案目標的書面工作方案。(作業準則 2240)

第九章

《準則》2300　落實專案之執行

2300　Performing the Engagement

Internal auditors must identify, analyze, evaluate, and document sufficient information to achieve the engagement's objectives.

2300　專案之執行

內部稽核人員須辨識、分析、評估及記錄充分之資訊,以達成專案之目標。

9.1　專案執行總述

　　根據《準則》規定,內部稽核人員須辨識、分析、評估並記錄充分、可靠、相關及有用之資訊,以達成專案之目標。在實際執行過程應當以內部稽核目標為導向,由稽核人員完成資訊的收集、分析及判斷工作,並由具備適當經驗之內部稽核人員執行覆核,如圖 9-1 所示。

▲圖 9–1　稽核專案的實施過程

9.2　解　析

　　從計畫到執行，有些內部稽核人員對此兩階段有何區別，並不清楚，因為兩階段都包含分析與評估。但執行階段，稽核人員需要收集資料，通過資料內容做出分析與判斷並記錄在工作底稿中，由專案組長或管理階層指定的專案負責人來覆核。

　　部分公司受限於規模，內部稽核僅有一人，無法展開底稿內容覆核，此時需要內部稽核人員嚴謹地記錄底稿。另外，須確認稽核專案的最終目標，確認對關鍵控制點的設計與執行能否保證達成公司的順利營運。

　　身為內部稽核人員應認知資訊安全的四項防護內容，即防遺失、防盜用、防洩露、防篡改，見圖 9–2。

▲圖 9–2　資訊安全基本防護

在執行過程中，還應注意對個人資訊的保護，具體表現在以下幾個方面：

➤ 開展稽核工作中對收集相關個人身分資訊的保護。

➤ 瞭解不同國家／地區涉及個人資訊利用的相關法律。

➤ 特定環境下，使用個人資訊不恰當甚至非法情況下，稽核人員可不對此資訊進行記錄。

➤ 如果對獲取個人資訊存在疑慮，可在開始實施工作前尋求法律顧問的建議。

9.2.1　現場工作

根據稽核通知要求的開始時間，內部稽核人員按時進入受查單位，實施稽核工作。進入現場後，稽核人員應當首先完成溝通會議、資料收集和現場觀察工作，如圖 9-3 所示。

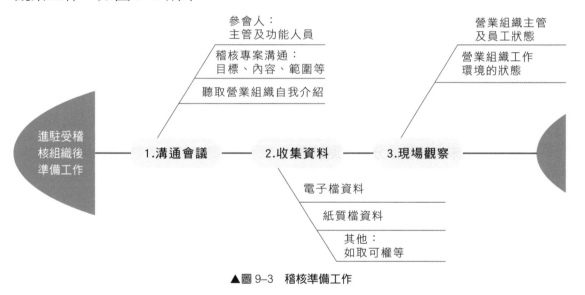

▲圖 9-3　稽核準備工作

9.2.2 辨識資訊

　　合格的資訊應當滿足充分、可靠、相關及有用四個特徵。其中，充分的資訊是指符合事實、滿足條件、具備說服力，可以使審慎的、具備相關知識的人員得出與內部稽核人員相同之結論。可靠的資訊係指通過採用適當的技術，可以獲得的最佳資訊；相關的資訊係指支援內部稽核人員發現的問題和建議，並與稽核目標一致的資訊；有用的資訊有助於組織實現其目標。

案 例　9-1

　　2002 年 5 月中國證監會對銀廣夏的行政處罰決定書認定，該公司自 1998 至 2001 年期間累計虛增盈餘 77,156.7 萬人民幣。從原料購進到生產、銷售、出口等環節，公司偽造了全部單據，包括銷售合約和發票、銀行票據、海關出口報關單和所得稅免稅檔。

　　銀廣夏編制合併報表時，未抵銷與子公司天津廣夏之間的關聯交易，也未按股權協議的比例合併子公司，從而虛增巨額資產和利潤。稽核人員未能有效執行應收帳款函證程式，在對天津廣夏的稽核過程中，將所有詢證函交由公司發出，而並未要求公司債務人將回函直接寄達稽核人員處。

　　稽核人員未有效執行分析性測試程式，例如，對於銀廣夏在 2000 年度主營業務收入大幅增長的同時，生產用電的電費卻反而降低的情況，竟沒有發現或報告；占銀廣夏「利潤」90% 以上的天津廣夏稽核負責人居然由非註冊會計師擔任，並且稽核人員普遍缺乏外貿業務知識，不具備專業勝任能力。對不符合國家稅法規定的異常增值稅及所得稅政策揭露情況，稽核人員並未給予應有關注。

　　對於內部稽核的啟示：對於內部稽核人員自身而言，必須提高自身的專業素質，保持職業謹慎態度，在專案實施過程中，充分收集、分析、評估各類資訊，通過分析性程式識別出可能的舞弊跡象。

9.2.3　分析與評估

　　內部稽核人員完成資料收集後，需要對資料進行分析與評估，從中發現差異並得出結論。分析性的稽核程式是內部稽核人員通過分析和比較稽核資料之間的關係或計算比率，以確定合理性，並且發現潛在的差異和漏洞的一種稽核方法，其分析的基礎需要保證客觀性。

案 例　9-2

　　相關於 6-1 案例，美國世界通訊公司舞弊案以 1,070 億美元的資產、410 億美元的債務，創下了美國破產案的歷史新紀錄。該事件造成 2 萬名員工失業，並失去所有保險及養老金保障。美國證券交易委員會公布的最終調查資料顯示，在 1999 至 2001 年的兩年間，世界通訊公司虛構的銷售收入 90 多億美元；通過濫用準備金科目，利用以前年度計提的各種準備金沖銷成本，以誇大對外報告的利潤，所涉及的金額達到 16.35 億美元；又將 38.52 億美元經營費用單列於資本支出中；加上其他一些類似手法，使得世界通訊公司 2000 年的財務報表有營收虛增 239 億美元的假帳。

　　儘管世界通訊公司存在前所未有的財務舞弊，其財務報表嚴重歪曲失實，但安達信會計公司至少從 1999 年起便一直為世界通訊出具無保留意見的審計報告。就目前已經揭露的資料來看，安達信對世界通訊的財務舞弊負有不可推卸的重大審計過失責任。安達信對世界通訊的審計，是一項可載入史冊的典型重大審計失敗案例。

　　此案中稽核項目執行的缺陷，一為分析的差異，稽核人員未能保持應有的職業審慎和懷疑；二為評估的差異，沒有獲取足以支援其稽核意見的直接稽核證據。常見的稽核失敗的原因如圖 9-4，可見除了內部控制失效、人為舞弊等原因外，其中很重要一點就是內部稽核人員的分析與評估不足，可能導致稽核項目的徹底失敗。

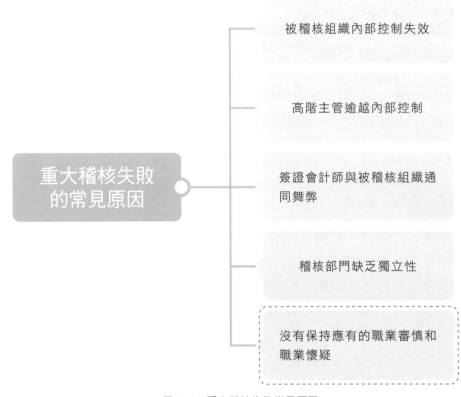

重大稽核失敗的常見原因
- 被稽核組織內部控制失效
- 高階主管逾越內部控制
- 簽證會計師與被稽核組織通同舞弊
- 稽核部門缺乏獨立性
- 沒有保持應有的職業審慎和職業懷疑

▲圖 9-4　重大稽核失敗常見原因

9.2.4　記錄資訊

　　內部稽核人員須記錄充分、可靠、相關且有用的資訊，以期能支援其專案結果及結論。內部稽核主管須控制對業務紀錄的接觸；在對外提供紀錄前，內部稽核主管須依據專業判斷，先徵得高階主管與法律顧問的同意。不論針對確認性專案或是諮詢性專案，內部稽核主管都須制訂資料保存、對外提供之規定，並且該規定須符合機構之相關規範及有關法令。

案 例　9-3

　　相關於案例 6-4，2001 年 12 月 2 日，世界上最大的天然氣和能源批發交易商，資產規模達 498 億美元的美國安隆公司突然向美國紐約破產法院申請破產保護，該案成為美國歷史上最大的一宗破產案。

　　安隆公司可謂聲名顯赫，2000 年總收入高達 1,008 億美元，名列《財富》雜誌「美國 500 強」第七位、「世界 500 強」第十六位，連續四年獲得《財富》雜誌授予的「美國最具創新精神的公司」稱號。這樣一個能源巨人竟然在一夜之間轟然倒塌，在全美引起極大震動，其原因及影響更令人深思。安隆造假採取的方式是利用資本重組，形成龐大而複雜的企業組織，通過錯綜複雜的關聯交易虛構利潤，利用財務制度上的漏洞隱藏債務。

　　為安隆提供外部審計服務的安達信會計師事務所在工作底稿方面的缺陷表現如下：一為隱瞞底稿中內容，安達信明知安隆公司存在財務作假的情況而沒有予以揭露；二為銷毀底稿，安達信銷毀檔案，妨礙司法調查。此案給內部稽核帶來的啟示為，內部稽核人員須將工作過程中收集到的充分、可靠、相關及有用之資訊記錄於工作底稿，底稿內容應支持專案的結論。

9.2.5　專案之督導

　　專案之執行須加以適當督導，這是為了三項目的之達成：一為稽核目的之實現；二為稽核品質之保證；三為稽核人員之培養。

　　專案需督導的程度取決於內稽人員的勝任能力和經驗水準，以及該專案本身的複雜程度。內部稽核主管對專案之督導負全面責任，可指定具備適當經驗之內部稽核部門成員具體覆核，適當的督導證據應予記錄並保留。

案 例　9-4

　　相關於案例 3-4，帕瑪拉特事件被稱為歐洲版的安隆事件。帕瑪拉特是歐洲大陸家族企業的典型，帕瑪拉特醜聞金額之大、時間之長都是非常罕見的，所暴露的問題牽涉到方方面面。

帕瑪拉特事件是歐洲有史以來，最大的一起詐騙和偽造帳戶案。近 40 億歐元只是冰山一角，實際上帕瑪拉特黑洞吞噬了令人觸目驚心的 140 億歐元，幾乎是其最初承認數額的四倍。帕瑪拉特公司造假手段主要包括利用衍生金融工具和複雜財務交易以掩蓋負債、偽造銀行資信檔案虛構存款、利用關聯方交易轉移資產、通過虛構交易虛增銷售收入，詳見圖 9-5。

利用衍生金融工具和複雜的財務交易掩蓋負債

帕瑪拉特一方面炮製複雜的財務報表，另一方面通過花旗集團（Citigroup）、美林證券（Merrill Lynch）等投資銀行進行操作，將借款化為投資，掩蓋公司負債，以「投資」形式掩蓋負債，這種「明股實債」目前在中國房地產行業比較普遍。

偽造銀行資信文件，虛構銀行存款

帕瑪拉特通過偽造檔，聲稱通過其開曼群島的分公司 Bonlat 將價值49億美元的資金（大約占其資產的38%）存放在美洲銀行帳戶。

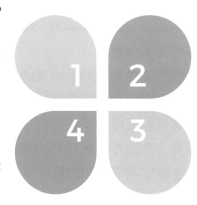

虛構交易數噸，虛增銷售收入

帕瑪拉特一份虛假的文件稱，公司曾向哈瓦那一公司出售了價值6億美元，數量30萬噸的奶粉，而真實價值不到80萬美元。

利用關聯方交易，轉移公司資產

帕瑪拉特利用複雜的公司結構和眾多海外公司轉移資金。操作方法是，指使有關人員偽造虛假文件，以證明帕馬拉特對這兩家公司負債，然後帕瑪拉特將資金注入這兩家公司，再由這兩家公司將資金轉移到其家族控制的公司。

▲圖 9-5 　帕瑪拉特造假手段

此案中稽核專案過程缺乏適當監督，問題列示如下：

➤ 內部稽核職能失效，協助原管理當局通過偽造財務記錄誇大公司的價值。

➤ 稽核過程缺乏應有的職業謹慎，督導人員未指出問題。

➤ 合併報表的稽核責任不明確，督導人員未指出問題。

9.3　本章小結

　　綜上所述，內部稽核人員的使命應當以風險為基礎的稽核工作，提供客觀的確認、建議和洞察，增加和保護機構價值。因此透過「稽核業務的實施」，保持客觀與獨立的辨識、分析、評價並記錄充分的資訊，最終來實現稽核目標。

9 觀念自我評量

(　　) 1. 內部稽核經常使用觀察這一稽核方法，下列哪一項描述不正確？

A. 如欲檢視是否存在舞弊，觀察是最好的稽核技術

B. 相對於證實完整性，觀察更適合於證實某一時點的存在性

C. 訪談比觀察更能有效完善控制問卷

D. 內部稽核如欲證實存在性，最充分最適當的技術是觀察

(　　) 2. 訪談是收集審計證據的一種技術，在採用訪談時應該考慮的問題是？

A. 訪談的結果應該得到收集的客觀資料的支援

B. 訪談收集的結果往往比問卷調查更加客觀

C. 訪談的結果可以直接支援於審計結果

D. 訪談是一種系統的證據收集方式

(　　) 3. 內部稽核正對品質控制部門進行稽核，在進行初步調查時，需調閱部分檔案，這些資料不可能包括下列哪個選項？

A. 永久保存檔案

B. 本公司的交易數據資料

C. 即將被審計活動的預算資訊

D. 品質控制檔案的分析材料

(　　) 4. 下列關於分析性程式的說法正確的是？

A. 分析程式被用於評估控制制度的設計、完成情況和有效性

B. 分析程式是一種定性的檢查方法

C. 分析程式是預算比較的一種方法

D. 分析程式是確認和評估稽核業務過程中所收集證據的手段

(　　) 5.內部稽核在覆核年度的稽核工作底稿中關於交易的相關內容時發現，只有工作
底稿中的相關記錄，卻沒有支援工作底稿的計算資料和交易記錄原件的影本，
在這種情況下會發生什麼問題？

A. 工作底稿的不充分導致不能對稽核工作進行有效覆核

B. 工作底稿記錄完整，不影響對稽核工作的覆核

C. 工作底稿應該包含交易記錄的影本和草稿紙

D. 如果工作底稿中包括了交易記錄的影本會降低覆核人員的工作效率

1. 答案 | A

   理由 | 通過觀察是很難發現舞弊的存在的，觀察並非最具說服力的技術。

2. 答案 | A

   理由 | 訪談獲得的證據具有一定的主觀性，所以不能直接得出結論，應該在利用訪談結果時，收集一些客觀證據來證明。選項 B，因為問卷調查中應用了一些統計方法，所以結果比訪談更加客觀；選項 C，訪談的結果不能直接得出結論，應該有客觀資料證明；選項 D，訪談的形式是不一致的，所以並不能說是一種系統的方式。

3. 答案 | D

   理由 | 品質控制檔案的分析材料是在稽核活動展開後審閱的，在初步調查時不需審閱。

4. 答案 | D

   理由 | 選項 A，控制測試被用於評估控制制度的設計、完成情況和有效性；選項 B，分析程式是定量的檢查方法；選項 C，預算比較是分析程式的一種方法（選項 C 是指分析程式 ∈ 預算比較，上述說明之意為預算比較 ∈ 分析程式）。

5. 答案 | A

   理由 | 選項 B，缺乏一定的證明材料可能影響有效的覆核工作；選項 C，草稿紙沒有必要保留，會增加內部稽核工作的負擔；選項 D，不一定，因為如果交易記錄中標識了哪些是經過重點關注和記錄的，可以提高工作效率。

第十章

《準則》2400　溝通專案結果

| 2400　Communicating Results |
| Internal auditors must communicate the results of engagements. |
| 2400　結果之溝通 |
| 內部稽核人員須與有關人員溝通專案結果。 |

10.1 稽核結果之溝通與報告

　　根據《準則》規定，內部稽核人員須與有關人員溝通專案結果。內部稽核須確保溝通結果之範圍、目標和結果正確性，同時結果的報告必須準確、客觀、清晰、簡潔、富有建設性、完整和及時。內部稽核主管也必須向適當對象報告稽核結果。

　　發表稽核總體意見時，必須考慮到機構的策略、目標和風險，以及高階主管、董事會及其他利害關係人的期望，總體意見的發表必須有充分、可靠、相關及有用的資訊支持。

　　如有必要，內部稽核人員可以在稽核過程中提交報告，以便及時採取有效糾正措施，以改善業務活動、內部控制和風險管理。

10.2 解　析

10.2.1　報告標準

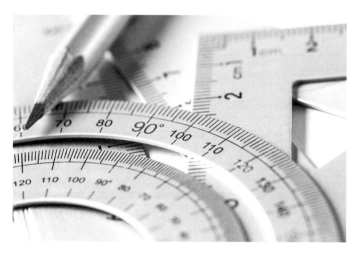

　　稽核報告應及時提供，以便於相關部門採取及時的糾正措施、改進方案或行動計畫，促進公司預期目標的實現；稽核過程中，為了提高效率和品質，內部稽核人員應及時彙報進度；並就重大發現，及時與其他稽核人員或領組溝通，如有必要應調整稽核步驟或計畫。

　　稽核報告是稽核工作發現的呈現，是內部稽核人員對稽核發現做出的專業結論和建議的彙總，亦是評估稽核人員工作績效的工具。稽核報告中應包含稽核目標、範圍和結果。

　　稽核目標決定稽核業務開展的範圍和頻率，反映管理階層對業務流程風險的重視程度和對稽核工作的要求；報告中應說明本次稽核的目標和範圍，並說明對受查單位項目查核的必要性和理由，包括年度稽核計畫或管理階層要求。

　　稽核結果是報告的重要部分，應全面呈現稽核發現，表達針對發現的結論，提出相關建議。稽核發現是對業務流程稽核事實的呈現，結論和改善建議是根據發現的事實情況而定出，所以報告中稽核發現，應表述稽核過程中運用的標準（制度辦法、KPI 指標、管理層的期望）、業務流程的執行是否符合標準、實際與標準之間差異的原因，以及由於實際與標準不一致，業務流

程中存在的風險。

　　稽核結論依據上述發現做出，建議依據結論並考量管理階層期望後提出。為促進受查單位發揮主動性，針對發現缺失而積極採取糾正行動的受查單位，應在稽核報告中予以肯定。

案　例　10-1

　　2016 年 9 月 2 日，英大基金前任總經理楊峰離任。9 月 5 日，英大基金發布《英大基金管理有限公司關於總經理變更的公告》，對上述事項進行了資訊揭露。按相關規定，英大基金應當自總經理離任之日起 30 個工作日內向中國證監會報送離任審計報告，即應當在 10 月 20 日前報送，但英大基金未在上述期限內履行報告義務。

　　北京證監局認為，英大基金的上述行為違反了《高管任職管理辦法》第三十九條的規定（基金管理公司董事長、總經理離任，公司應當立即聘請具有從事證券相關業務資格的會計師事務所進行離任審計，並自離任之日起 30 個工作日內將審計報告報送中國證監會），構成《高管任職管理辦法》第四十五條第一項所述「未按照本辦法的規定履行報告義務」的情形。

　　最終，北京證監局認為本案事實認定清楚、法律適用準確，對英大基金給予警告，並處以 10,000 人民幣罰款。除了公司被罰，英大基金兩位高管也同樣被罰，這兩位高管分別為時任英大基金法定代表人、董事長、總經理的張傳良，以及時任英大基金督察長的宗寬廣。經覆核，北京證監局認為當事人提供的證據均無法證明其已履職盡責，因此對張傳良給予警告，並處以 10,000 人民幣罰款，對宗寬廣給予警告，並處以 5,000 人民幣罰款。稽核報告未按相關規定或要求及時報送，造成公司受到處罰。稽核報告不及時報送，亦不符合 IPPF 的要求。

10.2.2　報告的品質

　　稽核報告中的發現應準確、客觀的呈現，使用具體的資料、嚴謹的詞語，公正地對所有相關事實和情況做說明。報告內容的表述應清晰、簡潔，用淺顯易懂的意思表示，並簡明扼要切中要點，使得報告閱讀者能快速瞭解實際

的風險狀況和改善建議，容易引起管理者的共鳴。結論與改善建議應富有建設性、符合實際情況、可很好的實現，有助於促進受查單位完善內部控制措施並實現公司目標。完整的報告要求內容未遺漏任何重要的資訊，所有支援結論、建議的相關資訊資料、發現均應全部包含在稽核報告內。

除上述內容外，稽核報告中（如圖 10-1 所示），還必須包含如稽核範圍、受限情形、資訊使用權限、揭露報告品質已遵循《準則》或未遵循之原因及影響等。

報告中所包含的資訊可能涉及資料安全的風險，所以在報告中應說明使用權限和責任並要求使用人員做好報告資料的保管。	有證明表明，稽核報告已按《準則》之品質保證和改進程式的要求執行，在稽核報告中才能表明內部稽核活動遵循了《準則》。	如存在因未遵循《職業道德規範》或《準則》而影響稽核業務時，必須在報告中說明並揭露未遵循之原則、未遵循原因以及造成的影響。

▲圖 10-1　稽核報告品質要求

案　例　10-2

2020 年 4 月 9 日，上市公司香溢融通控股集團股份有限公司（以下簡稱「香溢融通」）因涉嫌資訊披露違法違規，收到寧波證監局的行政處罰及市場禁入事先告知書。2018 年，香溢融通董事會換屆，內部稽核發現財報造假，並向證監會報告。經查香溢融通擔保事項均未履行董事會、股東大會審議程式，香溢投資和香溢金聯於 2015 年違規確認投資收益 10,300 萬人民幣。涉嫌惡意違規確認投資收益導致 2015 至 2016 年財報虛假。寧波證監局在查明事實後，擬對包括時任董事長、總經理、總會計師、總稽核等相關人員給予警告、罰款等處罰措施。

稽核報告品質要求報告內容完整，內部稽核必須公正地對相關事實和情況作出報告。報告及時性要求報告內容沒有拖延發表，能讓被稽核單位及時採取有效措施。此案造假行為持續時間長，在之後近三年的時間裡，公司在虛構的融資租賃業務和投資業務的掩護下，多次轉出資金補償對手方損失。直到 2018 年底公司董事會換屆，內部進行稽核時才暴露該造假事項。因此，該公司因前期稽核報

告未作出客觀公正說明事實，且造假事件披露不及時影響稽核報告品質，最終導致財務造假行為持續時間較長，損失較大。

10.2.3 結果的發送

最終的稽核報告，必須先經內部稽核人員與相關管理人員討論確認後，由內部稽核主管核准確定，以保證稽核報告的內容、品質符合《準則》。

最終稽核報告由內部稽核主管發出，發出對象為受查單位相關人員、改善措施實施人員以及相關管理階層；在向公司外部發布報告時，首先必須衡量存在的風險，必要時須徵詢法務或高階主管的意見，並且告知對報告使用的權限和責任，以及保管要求。如果最終報告存在重大錯誤或遺漏，內部稽核主管必須將更正後的資訊傳達給所有的原報告接收者。

案 例 ▶ 10–3

創業板上市公司廣東拓斯達科技股份有限公司（以下簡稱「拓斯達」），於 2018 年 4 月 25 日在中國證監會指定的資訊揭露網站巨潮資訊網揭露《2017 年年度審計報告》。後期經核對，發現因工作人員的疏忽，公司 2017 年度稽核報告的財務報表附註「按欠款方歸集的期末餘額前五名的應收帳款」及「關鍵管理人員薪酬」兩部分資料統計有誤，於是拓斯達於 2018 年 11 月 30 日，在巨潮資訊網發布關於《2017 年年度審計報告》的更正公告。

《準則》中規定，稽核報告在報出前需要向適當對象通報結果，以確定報告內容的正確性和準確性，並對相應報出的風險進行判斷。特別是在向公司外部發布報告時，必須首先衡量存在的風險，必要時須徵詢法律顧問或高階主管的意見，並且告知對報告使用的權限和責任，以及保管要求。如果最終報告存在重大錯誤或遺漏，必須將更正後的資訊傳達給所有的原報告接收者。拓斯達稽核報告在對外報出前未有效衡量存在的風險，是內部檢核和確認不當，導致報告內容存在錯誤。如果內部稽核報告發生類似會計師審計報告的錯誤，未經過適當風險評估和內部控制查核，將對公司造成嚴重損害，內部稽核人員和稽核主管應該善盡專業應有的注意。

10.2.4　總體意見

稽核主管發表稽核總體意見時，必須考慮到機構的策略、目標和風險，以及高階主管、董事會及其他利益關係人的期望，總體意見的發表必須有充分、可靠、相關及有用的資訊支持。

稽核總體意見是內部稽核主管對公司治理、風險管理和控制過程，做出的宏觀、專業的評價報告；以一定期間內，各項稽核和諮詢業務的結果為基礎，經過對所有涉及業務綜合考慮後發表。總體意見報告應明確說明所涵蓋之稽核範圍（包含時間範圍），以及範圍受限制的情況；也應說明適用的風險或控制專業架構或標準，以及包含形成的總體意見、判斷或結論的所有支持資訊。如形成不利的總體意見時，必須清楚說明原因。

10.3　本章小結

綜上所述，稽核報告及總體意見應以客觀事實為基礎，以《準則》、《職業道德規範》、IPPF 為準繩，以公司整體目標為方向，用專業的結論、意見和建議，促進完善公司治理的目標。

對內部稽核人員來說，稽核報告能促進稽核人員的專業提升，可為考核稽核人員的工作績效提供依據，可為後續稽核工作目的和範圍提供參考。對管理階層來說，稽核報告提供的專業建議，可以促進受查單位採取改善方案及行動計畫，有助於提醒管理階層需要關注的事項，也可以幫助管理階層瞭解和評估經營狀況。

10 觀念自我評量

( ) 1. 有關稽核專案結果之溝通，請問下列敘述何者不正確？

　　A. 溝通內容須包含專案之目的、範圍及結果

　　B. 最終溝通亦須包含所有合適之建議及／或行動計畫

　　C. 如有必要，應提供內部稽核人員之意見

　　D. 只須考量高階主管、董事會之期望，並以充分、可靠、有關及有用之資訊為佐證

( ) 2. 若原專案報告含有重大錯誤或遺漏，內部稽核主管須如何做？

　　A. 更正為正確資訊，並且與原報告收受者溝通

　　B. 把有重大錯誤或遺漏處立即作更正

　　C. 做好錯誤備忘錄

　　D. 訓練稽核人員減少日後犯錯的機會

( ) 3. 有關於稽核專案未遵循之揭露，專案結果之溝通須揭露下列哪個項目？

　　A. 未能完全遵循之《職業道德規範》的原則或行為準則或《準則》

　　B. 未遵循之理由

　　C. 未遵循對該專案及已溝通專案結果之影響

　　D. 以上三項都必須揭露

( ) 4. 發表總體意見時，內部稽核主管應考慮哪項因素？

　　A. 機構的策略、目標和風險

　　B. 高階主管、董事會的期望

　　C. 其他利益關係人的期望

　　D. 以上三項都要考慮

(　　) 5.稽核報告品質應如何要求？

　　A. 準確、客觀、清晰、簡潔、富有建設性、完整和及時

　　B. 帶有個人偏見

　　C. 使用技術性語言

　　D. 過多闡述細節且冗餘

1. 答案│D

　理由│有關稽核專案結果之溝通，溝通內容須包含專案之目的、範圍及結果。最終溝通亦須包含所有合適之建議及／或行動計畫。如有必要，應提供內部稽核人員之意見。上述意見須考量高階主管、董事會及其他利害關係人之期望，並以充分、可靠、有關及有用之資訊為佐證。（作業準則2410）

2. 答案│A

　理由│若原專案報告含有重大錯誤或遺漏，內部稽核主管須將更正之資訊與原報告收受者溝通。（作業準則2421）

3. 答案│D

　理由│未遵循《職業道德規範》或《準則》而影響特定專案時，專案結果之溝通須揭露：(1)未能完全遵循之《職業道德規範》之原則或行為準則或《準則》(2)未遵循之理由(3)未遵循對於該專案及已溝通專案結果之影響。（作業準則2431）

4. 答案│D

　理由│稽核主管發表稽核總體意見時，必須考慮到組織的策略、目標和風險，以及高階主管、董事會及其他利益關係人的期望，總體意見的發表必須有充分、可靠、相關及有用的資訊支持。（作業準則2450）

5. 答案│A

　理由│稽核報告品質：報告必須準確、客觀、清晰、簡潔、富有建設性、完整和及時。（作業準則2420）

第十一章

《準則》2500 監控專案進度

2500 Monitoring Progress

The chief audit executive must establish and maintain a system to monitor the disposition of results communicated to management.

2500 進度之監控

內部稽核主管須建立並維持監控制度,以追蹤管理階層收受專案報告後之處理情形。

11.1 進度之監控

根據《準則》規定,內部稽核主管須建立並維持監控制度,以追蹤管理階層收受專案報告後之處理及改善情形。

11.2 解 析

內部稽核主管需要對稽核中發現的問題採取追蹤機制,以追蹤管理層收到稽核結果所採取的行動,追蹤機制包括:

► 在改進初期,對問題改善措施和行動計畫進行判斷,並給予專業意見。

➤ 在改進過程中，定期和受查部門溝通改善情況，並對其遇到的障礙給與指導。

➤ 在改進完成後，進行現場測試，對改進落實的情況進行取證，評估問題改進的效果，並向高階主管和治理層級報告改進情況。

➤ 在追蹤過程中，對拒絕改進（即主動接受風險）或改進失敗（即被動接受風險）的事項應及時向高階主管和治理層級通報，使其瞭解這一情況。

在審核改進意見和執行持續監督過程中，內部稽核主管須考慮發現問題的風險影響程度、改進措施需要付出的資源、改進措施的可行性、改進時間及這段時間內所涉及的風險管理。

在改進完成後的持續監督中，內部稽核主管需要考慮以下內容：

➤ 改進措施落實後需要評估改進效果，對於執行方式偏離原改進計畫的內容，應重點評估改進效果。

➤ 對改進未完成的專案須和管理階層、高階主管及治理層級溝通問題之可能潛在風險，告知風險所對應的影響。

在實際工作時，常常由於跟進措施不夠，造成風險事項未得到及時有效的改進，從而在已知風險的業務環境下，無法預期損失的發生。

案 例　11-1

霸菱銀行在 1990 年前是英國最大的銀行之一，有超過 200 年的歷史。1992 至 1994 年期間，霸菱銀行新加坡分行的總經理李森 (Nick Lesson)，從事日本大阪及新加坡交易所之間的日經指數期貨套期對沖和債券買賣活動。1995 年 1 月 17 日，日本神戶大地震，日經指數大幅下跌，李森認為市場反應過度，即將反彈，於是進場連續做多；但到 2 月底，日經指數持續下跌，其累積虧損超過 10 億美元，導致霸菱銀行於 1995 年 2 月破產。然而，李森從事的「套利」交易並未經過巴林總部的授權，「套利」交易所承受的風險遠遠超過霸菱銀行的承受能力。

在稽核期間，內部稽核人員發現李森身兼雙職，既擔任前臺首席交易員，又負責管理後臺清算，內部稽核人員在稽核報告意見曾指出「李森的權力過於集中」。

然而，霸菱銀行的高階主管對內部稽核報告意見缺乏足夠的重視，而且內部稽核人員並未積極跟進監督該事件。最後，此風險引發了無法挽回的損失。

11.3 本章小結

綜上所述，內部稽核人員及時跟進問題事項的改進措施，促使其盡快完成改進，才能讓風險爆發的可能性降低；反之，如未能有效管理風險，必然會對公司造成嚴重損失。

11 觀念自我評量

( ) 1. 有關稽核專案之監控，稽核主管須注意的事項，請問下列哪一項敘述不正確？
A. 內部稽核主管須建立並維持監控制度，以追蹤管理階層收受專案報告後之處理情形
B. 內部稽核主管須建立一套追蹤程式，以監控及確保管理階層業已採取有效之行動，或管理階層已接受不採取行動之風險
C. 內部稽核單位須在委任客戶同意之範圍內，監控諮詢專案報告之處理情形
D. 內部稽核主管須自行決定監控諮詢專案報告之處理情形

( ) 2. 內部稽核主管需要對稽核中發現的問題，採取追蹤機制，以追蹤管理層收到稽核結果所採取的行動。在改進初期，請問內部稽核主管的合適作法為下列哪一項？
A. 對問題改善措施和行動計畫進行判斷，並給予修訂意見
B. 對問題改善措施和行動計畫，直接給予修訂意見
C. 對問題改善措施和行動計畫，不一定要給予意見
D. 對問題改善措施和行動計畫，不必要給予意見

( ) 3. 在審核改進意見和持續監督過程中，內部稽核主管須考慮許多因素，請問不包括下列哪一項？
A. 發現問題的風險影響程度
B. 改進措施需要付出的資源
C. 改進措施的可行性
D. 改進時間及這段時間內所涉及的營運管理

( ) 4. 由誰建立並維持稽核專案報告的監控制度，以追蹤管理階層收受專案報告後之處理情形？
A. 內部稽核人員　B. 內部稽核主管　C. 內部稽核經理　D. 董事會

(　　) 5. 內部稽核主管針對稽核中發現的問題，以及追蹤機制期間的規定，以下說法正確的是？

A. 在改進初期、改進過程中、改進完成後，均需採取追蹤機制

B. 僅需在改進初期採取追蹤機制

C. 僅需在改進過程中採取追蹤機制

D. 僅需在改進完成後採取追蹤機制

1.答案｜D
　理由｜內部稽核主管須建立並維持監控制度，以追蹤管理階層收受專案報告後之處理情形。內部稽核主管須建立一套追蹤程式，以監控及確保管理階層業已採取有效之行動或已接受不採取行動之風險。此外，內部稽核單位須在委任客戶同意之範圍內，監控諮詢項目報告之處理情形。(作業準則 2500)

2.答案｜A
　理由｜內部稽核主管需要對稽核中發現的問題，採取追蹤機制，以追蹤管理層收到稽核結果所採取的行動。在改進初期，對問題改善措施和行動計畫進行判斷，並給予修訂意見。(作業準則 2500)

3.答案｜D
　理由｜在審核改進意見和執行持續監督過程中，內部稽核主管考慮以下因素：發現問題的風險影響程度；改進措施需要付出的資源；改進措施的可行性；改進時間及這段時間內所涉及的風險管理。(作業準則 2500)

4.答案｜B
　理由｜根據《準則》規定，內部稽核主管須建立並維持監控制度，以追蹤管理階層收受專案報告後之處理情形。(作業準則 2500)

5.答案｜A
　理由｜內部稽核主管需要對稽核中發現的問題，採取追蹤機制，以追蹤管理層收到稽核結果所採取的行動，追蹤機制包括：在改進初期，對問題改善措施和行動計畫進行判斷，並給予修訂意見；在改進過程中，定期和涉事部門進行溝通改進情況，並對其遇到的障礙給與指導；在改進完成後，進行現場測試，對改進落實的情況進行取證，評估問題改進的效果，並向高階主管和治理層級報告改進情況。(作業準則 2500)

第十二章

《準則》2600 辨識與溝通稽核風險

2600 Communicating the Acceptance of Risks

When the chief audit executive concludes that management has accepted a level of risk that may be unacceptable to the organization, the chief audit executive must discuss the matter with senior management. If the chief audit executive determines that the matter has not been resolved, the chief audit executive must communicate the matter to the board.

2600 承受風險之溝通

內部稽核主管若認定高階管理階層決定承擔之風險水準超過機構可承受之水準，須就此事項與高階管理階層討論。若內部稽核主管認為該事項未能獲得解決，須向董事會報告此事項。

12.1 承受風險之溝通

根據《準則》第 2600 條規定，內部稽核主管若認定管理階層決定承擔之風險水準超過機構可承受之水準，須就此事項與高階主管討論。若內部稽核主管認為該事項未能獲得解決，須向董事會報告此事項。

12.2 解　析

　　內部稽核主管可透過確認性專案、諮詢專案或其他方式，監控管理階層針對先前專案結果採取之行動進展，辨識管理階層所承擔之風險；但是，內部稽核主管並不負責處理該風險。

　　基於成本效益方面的考慮，管理階層可能會決定不對稽核發現的問題進行改善，並接受由此所產生的風險影響。內部稽核主管在此情況下，應該在報告內記錄資訊，如圖 12–1。

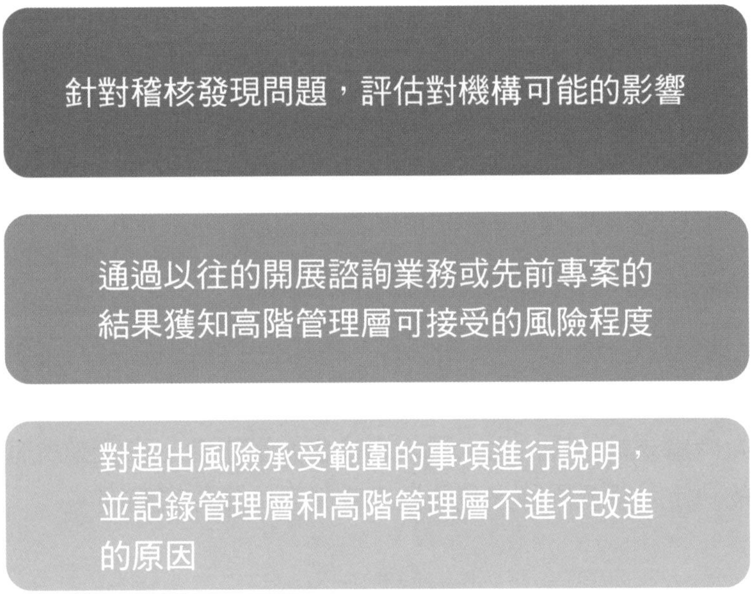

> 針對稽核發現問題，評估對機構可能的影響

> 通過以往的開展諮詢業務或先前專案的結果獲知高階管理層可接受的風險程度

> 對超出風險承受範圍的事項進行說明，並記錄管理層和高階管理層不進行改進的原因

▲圖 12–1　資訊項目

　　若經專業判斷後，確實對機構有重大影響，內部稽核主管應向董事會進行報告。

　　在實際工作中，常發生管理階層對稽核提出的風險缺乏認識，且認為對於少量風險，與其付出大量的管理成本去改變風險，不如接受風險的狀況。在風險影響中的判斷錯誤，導致管理階層接受了超出可承受能力的風險事項，可能直接導致災難性事件爆發。

案　例　12–1

　　韓國大宇集團曾是世界級的跨國大企業，總裁金宇中於 1967 年靠借款 10,000 美元創業，歷經三十年艱辛的經營，成為韓國第二大產業集團。1997 年列世界 100 強第十八位；但債務 500 億美元，金額為資本額的 5 倍，是需要關注的風險。1998 年總資產 650 億美元，銷售額 600 億美元，居韓國出口第一。大宇集團所屬企業 41 家、海外公司 600 多家；員工 20 萬人，有一半均在海外。

被成功衝昏頭腦的金宇中通過瘋狂擴張創造「鼎盛」，他不顧專家的警告，不願降低高風險的操作，仍然靠「借貸式經營」大肆舉債兼併其他企業，卻疏於做資本結構調整。這種賭博式的冒險加上亞洲金融風暴的影響，使之陷入資金周轉的危機。1999 年 11 月，金宇中與 14 名總經理辭職，大宇集團解體。總裁金宇中出逃海外，2005 年 6 月回國後被逮捕。由此可見，對風險的錯誤判斷將會對公司造成毀滅式打擊。內部稽核人員需要及時將未被管理的重大風險事項告知董事會，由企業所有人對風險的管理做最後的決定，降低風險爆發的概率或降低風險影響範圍。

12.3 本章小結

　　綜上所述，內部稽核主管若判斷管理階層決定承擔的風險水準，有超過可承受水準之疑慮時，需要將此重要事件告知公司董事會，確保公司所有人能對公司內未被有效管理的風險進行瞭解；並在必要的時候，提出建議以執行糾正措施。

12 觀念自我評量

( ) 1. 有時管理階層不接受稽核風險報告，其可能的原因是下列哪一項？

A. 風險不一定會發生

B. 風險日後自行會消失

C. 基於成本與效益考慮

D. 管理階層善於接受高風險高報酬的觀念

( ) 2. 內部稽核主管若認定管理階層決定承擔之風險水準超過機構可承受之水準，下列敘述何者錯誤？

A. 內部稽核單位須對與機構倫理有關之目的、計畫及活動，評估其設計、執行及成效

B. 內部稽核單位須評估各項控制之效果及效率，並促進控制之持續改善，以協助機構維持有效之控制

C. 內部稽核單位須評估舞弊發生之可能性，以及機構如何管理舞弊風險

D. 協助建立或改善風險管理過程時，內部稽核人員應實際管理風險，並承擔管理階層之責任

( ) 3. 在判斷出管理階層對於風險影響做出正確認識，並推動其改變的前提下，內部稽核主管的合適作法包括下列哪個方式？

A. 需要將此重要事件告知公司董事會

B. 確保公司所有人能對公司內未被有效管理的風險進行瞭解

C. 在必要的時候，執行糾正措施

D. 以上皆是

( ) 4. 當管理階層決定不對稽核發現的問題進行改善，並接受由此所產生的風險影響，內部稽核主管在此情況下，應該在報告內記錄哪項資訊？

A. 針對稽核發現問題，評估對機構可能的影響

B. 通過以往的開展諮詢業務或先前專案的結果獲知高階管理層可接受的風險程度

C. 對超出風險承受範圍的事項進行說明，並記錄管理層和高階管理層不進行改進的原因

D. 以上皆是

( ) 5. 內部稽核主管在辨識與溝通稽核風險時，以下說法錯誤的是？

A. 內部稽核主管可透過確認性專案監控管理階層針對先前專案結果採取之行動進展情形，辨識管理階層所承擔之風險

B. 內部稽核主管可透過諮詢專案監控管理階層針對先前專案結果採取之行動進展情形，辨識管理階層所承擔之風險

C. 內部稽核主管負責處理應由管理階層承擔之風險

D. 內部稽核主管若認定管理階層決定承擔之風險水準超過機構可承受之水準，須就此事項與高階主管討論

1. 答案｜C

　理由｜在實際工作中，由於管理階層對稽核提出的稽核風險缺乏認識，且認為對於少量風險與其付出大量的管理成本去改變風險，不如接受風險。（作業準則 2600）

2. 答案｜D

　理由｜內部稽核主管若認定高階主管決定承擔之風險水準超過機構可承受之水準，須就此事項與高階主管討論。若內部稽核主管認為該事項未能獲得解決，須向董事會報告此事項。（作業準則 2600）

3. 答案｜D

　理由｜在判斷出管理階層對於風險影響做出正確認識，並推動其改變的前提下，內部稽核人員需要將此重要事件告知公司董事會，確保公司所有人能對公司內未被有效管理的風險進行瞭解；並在必要的時候，執行糾正措施。（作業準則 2600）

4. 答案｜D

　理由｜基於成本效益方面的考慮，管理階層可能會決定不對稽核發現的問題進行改善，並接受由此所產生的風險影響。內部稽核主管在此情況下，應該在報告內記錄資訊，包括：針對稽核發現問題，評估對機構可能的影響；通過以往的開展諮詢業務或先前專案的結果獲知高階管理層可接受的風險程度；對超出風險承受範圍的事項進行說明，並記錄管理層和高階管理層不進行改進的原因。（作業準則 2600）

5. 答案｜C

　理由｜內部稽核主管可透過確認性專案或諮詢專案或其他方式監控管理階層針對先前專案結果採取之行動進展，辨識管理階層所承擔之風險；但內部稽核主管並不負責處理該風險。（作業準則 2600）

附　錄

《國際內部稽核執業準則》

International Standards For the Professional Practice of Internal Auditing (Standards)

內部稽核定義

內部稽核為獨立、客觀之確認性服務及諮詢服務,用以增加價值及改善機構營運。內部稽核協助機構透過有系統及有紀律之方法,評估及改善風險管理、控制及治理過程之效果,以達成機構目標。

Definition of Internal Auditing

Internal auditing is an independent, objective assurance and consulting activity designed to add value and improve an organization's operations. It helps an organization accomplish its objectives by bringing a systematic, disciplined approach to evaluate and improve the effectiveness of risk management, control, and governance processes.

▶ **一般準則** (Attribute Standards)

1000 目的、職權及責任
內部稽核單位之目的、職權及責任,須明訂於內部稽核規程,其內容須符合內部稽核任務及專業實務架構之強制性要素(內部稽核專業實務核心原則、職業道德規範、本準則及內部稽核定義)。內部稽核主管須定期檢討內部稽核規程,並將其提報高階管理階層及董事會通過。

1000.A1 對機構提供確認性服務之性質須於內部稽核規程明定。若確認性服務係提供給機構外之對象,此等服務之性質亦須於內部稽核規程明定。

1000.C1 諮詢服務之性質須於內部稽核規程明定。

1010 內部稽核規程中強制性指引之確認
內部稽核專業實務核心原則、職業道德規範、本準則及內部稽核定義之強制性須於內部稽核規程中確認。內部稽核主管應與高階管理階層及董事會討論內部稽核任務及專業實務架構之強制性要素。

1100 獨立性與客觀性
內部稽核單位須具超然獨立之地位,內部稽核人員執行業務須保持客觀。

1110 機構之獨立性
內部稽核主管須向機構內能使內部稽核單位完成其責任之層級報告。內部稽核主管須至少每年一次向董事會確認內部稽核單位在機構內之獨立性。
　(解釋:內部稽核在功能上向董事會報告時,即有效達到其機構獨立性。向董事會進行之功能性報告,例如董事會:
▶核准內部稽核規程。
▶核准以風險為基礎之內部稽核計畫。
▶核准內部稽核預算及資源計畫。
▶接受內部稽核主管有關內部稽核單位執行其計畫及其他事項之報告。
▶核准有關內部稽核主管聘任及解職之決策。
▶核准內部稽核主管薪酬。

➤向管理階層及內部稽核主管進行適當的詢問，以確認是否有不當之稽核範圍或資源限制。）

1110.A1　內部稽核單位於決定內部稽核範圍、執行工作及溝通結果時，須能免於受到干擾。內部稽核主管須向董事會揭露此種干擾，並討論其影響。

1111　與董事會之直接互動
內部稽核主管須與董事會直接溝通及互動。

1112　內部稽核主管於內部稽核以外之角色
內部稽核主管具有或被期待承擔內部稽核以外之角色或責任時，須有減少其獨立性或客觀性受損之保護機制。

1120　個別人員客觀性
內部稽核人員須秉持公正無私之態度，並避免任何利害衝突。

1130　獨立性或客觀性受損
獨立性或客觀性如有形式上或實質上受損時，須向適當對象揭露，揭露之性質視受損情形而定。

1130.A1　內部稽核人員須避免評估其先前負責之特定業務。若內部稽核人員對過去一年所負責之業務提供確認性服務，其客觀性視為受損。

1130.A2　確認性服務專案涉及內部稽核主管負責之職務時，須由獨立於內部稽核單位以外之人士督導。

1130.A3　內部稽核單位可對其先前曾執行諮詢服務之業務提供確認性服務，其前提為該項諮詢服務之性質未損害客觀性，以及在分派資源至該項專案時，已處理個別人員之客觀性。

▶ 一般準則 (Attribute Standards)

1130.C1 內部稽核人員可對其先前負責或查核之業務提供諮詢服務。

1130.C2 若內部稽核人員對擬提供之諮詢服務之獨立性或客觀性有潛在受損之虞，須於接受專案前向委任客戶揭露。

1200 技能專精及專業上應有之注意
內部稽核工作之執行，須具備熟練之專業技能，並盡專業上應有之注意。

1210 技能專精
內部稽核人員須具備執行其個別職責所需之知識、技能及其他能力。內部稽核單位整體須具備或取得履行其職責所需之知識、技能及其他能力。

1210.A1 內部稽核人員欠缺執行確認性專案所需之知識、技能或其他能力時，內部稽核主管須取得適切之專業建議及協助。

1210.A2 內部稽核人員須具備足以評估舞弊風險及機構如何管理舞弊風險之知識，但無須具備與主要負責舞弊偵測及調查者相當之專精能力。

1210.A3 內部稽核人員須充分瞭解資訊科技之主要風險與控制，及以科技為基礎之可用稽核技術，俾執行其被指派之工作。但並非所有內部稽核人員皆應具備與主要負責資訊科技稽核者相當之專精能力。

1210.C1 內部稽核人員欠缺執行諮詢專案所需之知識、技能或其他能力時，內部稽核主管須拒絕接受該項委任，或取得適切之專業建議及協助。

1220 專業上應有之注意
內部稽核人員須採行合理謹慎及適任之內部稽核人員所應有之注意及技能。盡專業上應有之注意並非意指完全無錯誤或失敗。

1220.A1　為善盡專業上應有之注意，內部稽核人員執行確認性專案時須考量下列事項：

　　　　　▶ 達成專案目的所需工作之程度或範圍。

　　　　　▶ 所涉及事項之相對複雜性、重大性或重要性。

　　　　　▶ 治理、風險管理及控制過程之適足性與有效性。

　　　　　▶ 重大錯誤、舞弊或未遵循之可能性。

　　　　　▶ 專案成本與潛在效益之關係。

1220.A2　內部稽核人員在善盡專業上應有之注意時，須考慮採用以科技為基礎之稽核及其他資料分析技術。

1220.A3　內部稽核人員對可能影響機構目標、營運或資源之重大風險，須保持警覺。縱使已善盡專業上應有之注意，確認性程序之執行仍不能保證辨識所有重大風險。

1220.C1　內部稽核人員提供諮詢服務時，須考量下列事項，以盡專業上應有之注意：

　　　　　▶ 客戶之需要及期望，包括專案結果之性質、提出時機及溝通方式。

　　　　　▶ 達成專案目的所需工作之複雜性及其程度或範圍。

　　　　　▶ 專案成本與潛在效益之關係。

1230　持續專業發展

內部稽核人員須持續其專業發展，以增進知識、技能及其他能力。

1300　品質保證與改善計畫

內部稽核主管須訂定及維持一套涵蓋內部稽核單位所有層面之品質保證與改善計畫。

1310　品質保證與改善計畫之要求

品質保證與改善計畫須同時包含內部評核及外部評核。

▶ 一般準則　(Attribute Standards)

1311　內部評核

內部評核須包括：

▶ 對內部稽核單位之績效作持續性監督。

▶ 定期自行評核或由機構內充分瞭解內部稽核實務之其他人員執行定期評核。

1312　外部評核

外部評核須每五年至少進行一次，由機構外適任、獨立之評核者或評核團隊執行。內部稽核主管須與董事會討論：

▶ 外部評核之形式及頻率。

▶ 外部評核者或評核團隊之資格及獨立性，包含潛在之利害衝突。

1320　品質保證與改善計畫之報告

內部稽核主管須將品質保證與改善計畫之結果向高階管理階層及董事會報告。此項揭露應包含：

▶ 內部及外部評核之範圍及頻率。

▶ 評核者或評核團隊之資格及獨立性，包含潛在之利害衝突。

▶ 評核者之結論。

▶ 改正性行動計畫。

1321　「遵循國際內部稽核執業準則」一詞之使用

惟有在品質保證與改善計畫之結果證實內部稽核單位遵循國際內部稽核執業準則時，才適合做此聲明。

1322　未遵循之揭露

▶ **作業準則** (Performance Standards)

2000　內部稽核單位之管理
內部稽核主管須有效管理內部稽核單位，以確保對機構產生價值。

2010　規劃
內部稽核主管須訂定一套以風險為基礎的計畫，以決定符合機構目標之內部稽核業務優先順序。
（解釋：為了制訂以風險為基礎之計畫，內部稽核主管諮詢高階管理階層及董事會，以瞭解機構之策略、主要業務目標、相關風險及風險管理流程。內部稽核主管須於必要時檢討及調整該單位之計畫，以回應機構業務、風險、營運、計畫、系統及控制之變動。）

2010.A1　內部稽核單位之工作計畫須基於至少每年一次之書面風險評估，並須考量高階管理階層及董事會提供之意見。

2010.A2　內部稽核主管須辨識及考量高階管理階層、董事會及其他利害關係人對於內部稽核意見及其他結論之期望。

2010.C1　內部稽核主管於決定是否接受提議之諮詢專案時，應考量該專案對改善風險管理、增加價值及改善機構營運之潛力。已接受之諮詢專案須納入工作計畫。

2020　溝通及核准
內部稽核主管須將內部稽核單位之工作計畫、所需資源及後續之重大變更，報請高階管理階層及董事會核閱及通過。若稽核資源受到限制，須將其影響加以溝通。

2030　資源管理
內部稽核主管須確保所需資源之適當、充分及有效配置，以完成既定之工作計畫。

2040　政策及程序

內部稽核主管須建立政策及程序，以作為稽核業務之指引。

（解釋：政策及程序之形式及內容取決於內部稽核單位之規模及架構，以及其工作之複雜度。）

2050　協調及依賴

內部稽核主管應與稽核業務之其他內部及外部確認性及諮詢服務提供者分享資訊及協調作業，並考量依賴其工作，以確保工作範圍之適當及減少工作之重複。

2060　向高階管理階層及董事會報告

內部稽核主管須將內部稽核單位之目的、職權、責任及工作計畫執行以及遵循職業道德規範及本準則之情形，定期向高階管理階層及董事會提出報告。報告內容另須包括重大之暴險與控制問題，包含舞弊風險、治理問題以及需要高階管理階層及／或董事會注意之其他事項。

➤ 稽核業務之結果。

➤ 遵循職業道德規範及本準則，以及用於處理任何重大遵循議題之行動計畫。

➤ 根據內部稽核主管之判斷，管理階層對於風險之回應可能不被機構接受。

內部稽核主管之上述及其他溝通要求分述於本準則。

2070　外部服務提供者與機構對於內部稽核之責任

外部服務提供者扮演內部稽核單位之角色時，該服務提供者須讓該機構知悉，該機構具有維持有效內部稽核業務之責任。

2100　工作性質

內部稽核單位須以有系統、有紀律及以風險為基礎之方法，評估及協助改善機構之治理、風險管理及控制過程。當稽核人員主動且其評估可提供新見解及考量未來影響時，內部稽核之可信度及價值獲得提升。

▶ **作業準則** (Performance Standards)

2110　治理

內部稽核單位須評估機構之治理過程，並提出適當之改善建議：

➤ 做成策略性及營運決策。

➤ 督導風險管理及控制。

➤ 提倡機構合宜之倫理與價值觀。

➤ 確保機構有效之績效管理及責任歸屬。

➤ 對機構內之適當對象溝通風險及控制資訊。

➤ 確保董事會、外部稽核人員、內部稽核人員、其他確認性服務提供者與管理階層間作業協調及資訊溝通。

2110.A1　內部稽核單位須對與機構倫理有關之目的、計畫及活動，評估其設計、執行及成效。

2110.A2　內部稽核單位須評估機構之資訊科技治理是否支持機構之策略及目標。

2120　風險管理

內部稽核單位須評估風險管理過程之有效性，並對其改善做出貢獻。

　（解釋：風險管理過程是否有效之決定，源自於內部稽核人員針對下列項目的判斷：

➤ 機構之目標支持及符合機構之使命。

➤ 重大風險業已辨識及評估。

➤ 選擇適當之風險回應，使得風險符合機構之風險胃納。

➤ 攸關之風險資訊業已及時取得，並於機構內溝通，以便於工作人員、管理階層及董事會履行其職責。

內部稽核單位執行多項專案時，可蒐集上述資訊，以支持此項評估。這些專案結果的整體檢視，有助於瞭解機構的風險管理過程及其成效。風險管理過程係透過持續性管理活動、個別評估，或兩者同時採行之方式，予以監控。）

2120.A1　內部稽核單位須評估下列與機構之治理、營運及資訊系統有關之暴險：
- ▶ 機構策略目標之達成。
- ▶ 財務及營運資訊之可靠性及完整性。
- ▶ 營運及計畫之效果及效率。
- ▶ 資產之保全。
- ▶ 法令、政策、程序及契約之遵循。

2120.A2　內部稽核單位須評估舞弊發生之可能性，以及機構如何管理舞弊風險。

2120.C1　執行諮詢專案時，內部稽核人員須著重專案目的之相關風險，並注意其他重大風險。

2120.C2　內部稽核人員須將執行諮詢專案所獲得之風險知識，運用於評估機構之風險管理過程。

2120.C3　協助管理階層建立或改善風險管理過程時，內部稽核人員須避免實際管理風險，而承擔管理階層之責任。

2130　控制
內部稽核單位須評估各項控制之效果及效率，並促進控制之持續改善，以協助機構維持有效之控制。

2130.A1　內部稽核單位須評估用於回應機構治理、營運及資訊系統下列風險控制措施之適足性與有效性：
- ▶ 機構策略目標之達成。
- ▶ 財務及營運資訊之可靠性及完整性。
- ▶ 營運及計畫之效果及效率。
- ▶ 資產之保全。
- ▶ 法令、政策、程序及契約之遵循。

▶ **作業準則** (Performance Standards)

2130.C1　內部稽核人員須將執行諮詢專案所獲得之控制知識，運用於評估機構之控制流程。

2200　專案之規劃

內部稽核人員須就每項專案擬訂書面計畫，其內容應包含該專案之目的、範圍、時程及資源配置。該項計畫須考量與該專案攸關之機構策略、目標及風險。

2201　規劃之考量

內部稽核人員規劃專案時，須考量：

▶ 專案對象之策略與目的及其控制績效之方法。

▶ 專案對象之目的、資源與營運所面臨之重大風險，以及其將風險之潛在影響維持在可接受水準之方法。

▶ 相對於攸關的架構或模式，專案對象治理、風險管理及控制過程之妥當性及有效性。

▶ 專案對象治理、風險管理及控制過程重大改善之機會。

2201.A1　為機構外之對象規劃確認性專案時，內部稽核人員須與該對象就專案目的、範圍、相對責任，以及其他期望，包含專案結果分送及紀錄使用之限制，建立書面共識。

2201.C1　內部稽核人員須與諮詢專案客戶就專案目的、範圍、相對責任及其他期望，建立共識。重大專案之共識，須以書面為之。

2210　專案之目的

每項專案皆須設定其目的。

2210.A1　內部稽核人員須針對專案對象之風險，進行初步評估。專案之目的須反映風險評估之結果。

2210.A2　內部稽核人員擬定專案目的時，須考量發生重大錯誤、舞弊、未遵循及其他暴險之可能性。

2210.A3　治理、風險管理及控制之評估需要適當標準。內部稽核人員須確認管理階層或董事會已建立適當標準，以決定目的及目標達成之情形。若標準適當，內部稽核人員須使用該標準進行評估；若不適當，內部稽核人員須與管理階層及／或董事會討論，以辨識適當之評估標準。

2210.C1　諮詢專案之目的須在客戶同意之範圍內，檢討治理、風險管理及控制過程。

2210.C2　諮詢專案之目的須與機構之價值、策略及目標一致。

2220　　專案之範圍
　　　　專案範圍之設定須足以達成專案目的。

2220.A1　專案之範圍須考量相關制度、紀錄、人員及實體財產，包括由第三者所掌控者。

2220.A2　進行確認性專案時，若有重大諮詢機會，應就諮詢專案之目的、範圍、相對責任及其他期望，達成具體共識，作成書面紀錄，並依照諮詢相關準則溝通該項諮詢專案之結果。

2220.C1　執行諮詢專案時，內部稽核人員須確保專案範圍足以達成約定之目的。若內部稽核人員在專案執行過程中，對該範圍有所保留，須與客戶討論，以決定是否繼續進行此項專案。

2220.C2　執行諮詢專案時，內部稽核人員應著重與專案目的相關之控制，並留意任何重大之控制缺失。

▶ **作業準則** (Performance Standards)

2230　專案之資源分配
　　　內部稽核人員須決定達成專案目的所需之適當及充分之資源。人員之指派應基於對專案性質與複雜度、時間限制及可用資源之評估。

2240　專案之工作程式
　　　內部稽核人員須擬訂達成專案目的之書面工作程式。

2240.A1　工作程式須包含執行專案過程中，用以辨識、分析、評估及記錄資訊之程序。工作程式執行前須先經核准，其調整亦須迅速取得核准。

2240.C1　諮詢專案工作程式之格式及內容，得視專案之性質而異。

2300　專案之執行
　　　內部稽核人員須辨識、分析、評估及記錄充分之資訊，以達成專案之目標。

2310　辨識資訊
　　　內部稽核人員須辨識充分、可靠、攸關及有用之資訊，以達成專案之目標。

2320　分析與評估
　　　內部稽核人員作成之結論及專案結果，須基於適當之分析與評估。

2330　記錄資訊
　　　內部稽核人員須記錄充分、可靠、攸關及有用之資訊，以支持其專案結果及結論。

2330.A1　內部稽核主管須控制確認性專案紀錄之使用。內部稽核主管於提供此等紀錄予外部人士前，須視需要徵得高階管理階層及法律顧問之同意。

2330.A2　內部稽核主管須制訂確認性專案紀錄保存之規定，無論其使用何種媒介儲存。該項規定須符合機構之相關規範及有關之法令。

2330.C1　內部稽核主管須針對諮詢專案紀錄之保管、保存及提供內部及外部人士使用，訂定相關政策，並須符合機構之相關規範及有關之法令。

2340　專案之督導
專案之執行須加以適當督導，以確保目的之達成、品質之保證及人員之養成。

2400　結果之溝通
內部稽核人員須與有關人員溝通專案結果。

2410　溝通之標準
溝通內容須包含專案之目的、範圍及結果。

2410.A1　專案結果之最終溝通包含合適之結論。專案結果之最終溝通亦須包含所有合適之建議及／或行動計畫。如有必要，應提供內部稽核人員之意見。上述意見須考量高階管理階層、董事會及其他利害關係人之期望，並以充分、可靠、有關及有用之資訊為佐證。

2410.A2　內部稽核人員在專案溝通時，對令人滿意之績效宜予肯定。

2410.A3　提供專案結果給機構外人士時，須告知其有關轉送及使用之限制。

2410.C1　諮詢專案進度及結果之溝通，其形式及內容視專案性質及客戶之需求而異。

2420　溝通之品質
溝通須正確、客觀、明確、簡潔、具建設性、完整與及時。

2421　錯誤與遺漏
若原專案報告含有重大錯誤或遺漏，內部稽核主管須將更正之資訊與原報告收受者溝通。

▶ **作業準則** (Performance Standards)

2430　「依照國際內部稽核執業準則執行」一詞之使用
惟有在品質保證與改善計畫之結果證實本準則已被遵循時，才適合聲明其專案係「依照國際內部稽核執業準則執行」。

2431　專案未遵循之揭露
未遵循職業道德規範或本準則而影響特定專案時，專案結果之溝通須揭露：
➤ 未能完全遵循之職業道德規範之原則或行為準則或本準則。
➤ 未遵循之理由。
➤ 未遵循對於該專案及已溝通專案結果之影響。

2440　結果之傳送
內部稽核主管須將專案報告傳送適當對象。

2440.A1　內部稽核主管須負責將專案報告傳送給能適當考量該報告內容之對象。

2440.A2　若法規未強制要求揭露，內部稽核主管向外界揭露專案報告內容前，須：
➤ 評估其對機構可能產生之風險。
➤ 於必要時，與高階管理階層及法律顧問進行諮商。
➤ 限制該專案報告內容之使用，以控制其傳送。

2440.C1　內部稽核主管負責向委任客戶提出諮詢專案報告。

2440.C2　執行諮詢專案時，若發現重大之治理、風險管理及控制問題，內部稽核主管須向高階管理階層及董事會報告。

2450　整體意見
提出整體意見時，須考量機構之策略、目標及風險，以及高階管理階層、董事會及其他利害關係人之期望。整體意見須以充分、可靠、攸關及有用之資訊為佐證。

2500　進度之監控

內部稽核主管須建立並維持監控制度，以追蹤管理階層收受專案報告後之處理情形。

2500.A1　內部稽核主管須建立一套追蹤程序，以監控及確保管理階層業已採取有效之行動或高階管理階層業已接受不採取行動之風險。

2500.C1　內部稽核單位須在委任客戶同意之範圍內，監控諮詢專案報告之處理情形。

2600　承受風險之溝通

內部稽核主管若認定高階管理階層決定承擔之風險水準超過機構可承受之水準，須就此事項與高階管理階層討論。若內部稽核主管認為該事項未能獲得解決，須向董事會報告此事項。

稅務會計：理論與實務　　　　　　　　卓敏枝、盧聯生、劉夢倫／著

　　本書之編寫，建立在全盤租稅架構與整體節稅理念上，係以營利事業為經，各相關稅目為緯，援引最新法規修訂，綜合而成一本理論與實務兼備之「稅務會計」最佳參考書籍，對研讀稅務之學生及企業經營管理人員有相當之助益。

　　本書對於最新之法規修訂，如所得稅、稅捐稽徵法、產業創新條例等皆有詳細介紹；營業稅之申報、營利事業所得稅結算申報，及關係人移轉訂價亦均有詳盡之表單、範本、說明及實例。本書專章說明境外資金匯回管理運用及課稅規定，分別解釋產業投資之直接與間接投資，金融投資等相關程序與課稅規定。

財務報表分析　　　　　　　　　　　　　　　　盧文隆／著

深入淺出，循序漸進
行文簡單明瞭，逐步引導讀者檢視分析財務報表；重點公式統整於章節末，並附專有名詞中英索引，複習對照加倍便利。

理論活化，學用合一
有別於同類書籍偏重原理講解，本書新闢「資訊補給」、「心靈饗宴」及「個案研習」等應用單元，並特增〈技術分析〉專章，融會作者多年實務經驗，讓理論能活用於日常生活之中。

習題豐富，解析詳盡
彙整各類證照試題，有助讀者熟悉題型；隨書附贈光碟，內容除習題詳解、個案研習參考答案，另收錄進階試題，提供全方位實戰演練。

初級統計學：解開生活中的數字密碼　　呂岡玶、楊佑傑／著

生活化
以生活案例切入，避開艱澀難懂的公式和符號，利用簡單的運算推導統計概念，最適合對數學不甚拿手的讀者。

直覺化
以直覺且淺顯的文字介紹統計的觀念，再佐以實際例子說明，初學者也能輕鬆理解，讓統計不再是通通忘記！

應用化
以應用的觀點出發，讓讀者瞭解統計其實是生活上最實用的工具，可以幫助我們解決很多周遭的問題。統計在社會科學、生物、醫學、農業等自然科學，還有工程科學及經濟、財務等商業上都有廣泛的應用。

簡明經濟學

王銘正／著

舉例生活化

本書利用眾多實際或與讀者貼近的例子來說明本書所介紹的理論。另外本書也與時事結合,說明「一例一休」新制的影響、我國實質薪資在過去十餘年間停滯的原因,以及如何從經濟的角度來看「太陽花學運」等重要的經濟現象與政府政策。

視野國際化

本書除了介紹「國際貿易」與「國際金融」的基本知識外,也說明歐洲與日本央行的負利率政策,以及美國次級房貸風暴的成因與影響及政府政策等重要的國際經濟現象與政策措施。

重點條理化

本書在每一章的開頭列舉該章的學習重點,一方面有助於讀者一開始便能對各章的內容有基本的概念,另一方面也讓讀者在複習時能自我檢視學習成果。另外,每章章前以時事案例或有趣的內容作為引言,激發讀者繼續閱讀該章內容的興趣。

國家圖書館出版品預行編目資料

內部稽核基本功：勤練專業準則與實務案例／王怡心,黎振宜編著.——初版二刷.——臺北市：三民,2021

面；　公分

ISBN 978-957-14-6949-2　（平裝）

1. 內部稽核

494.28　　　　　　　　　　　　109014438

內部稽核基本功：勤練專業準則與實務案例

編 著 者	王怡心　黎振宜
發 行 人	劉振強
出 版 者	三民書局股份有限公司
地　　址	臺北市復興北路 386 號 (復北門市) 臺北市重慶南路一段 61 號 (重南門市)
電　　話	(02)25006600
網　　址	三民網路書店 https://www.sanmin.com.tw
出版日期	初版一刷 2020 年 11 月 初版二刷 2021 年 3 月
書籍編號	S561120
I S B N	978-957-14-6949-2

三民書局